そんなに簡単じゃないよ。

もっと知りたいハムスターの秘密

「ハムごころ」がわかる本

ふくしま動物病院　福島正則 監修

鶴田かめ イラスト

日本文芸社

はじめましてハムスターです
「ハムスターってとくに何も考えてないでしょ?」
なんて言われるけど…
もぐもぐ
全身で気持ちを表現しています
ドキドキ
安心
警戒中
なにかな?
ニガい
ベタ慣れになる子や
コミュニケーションが苦手な子

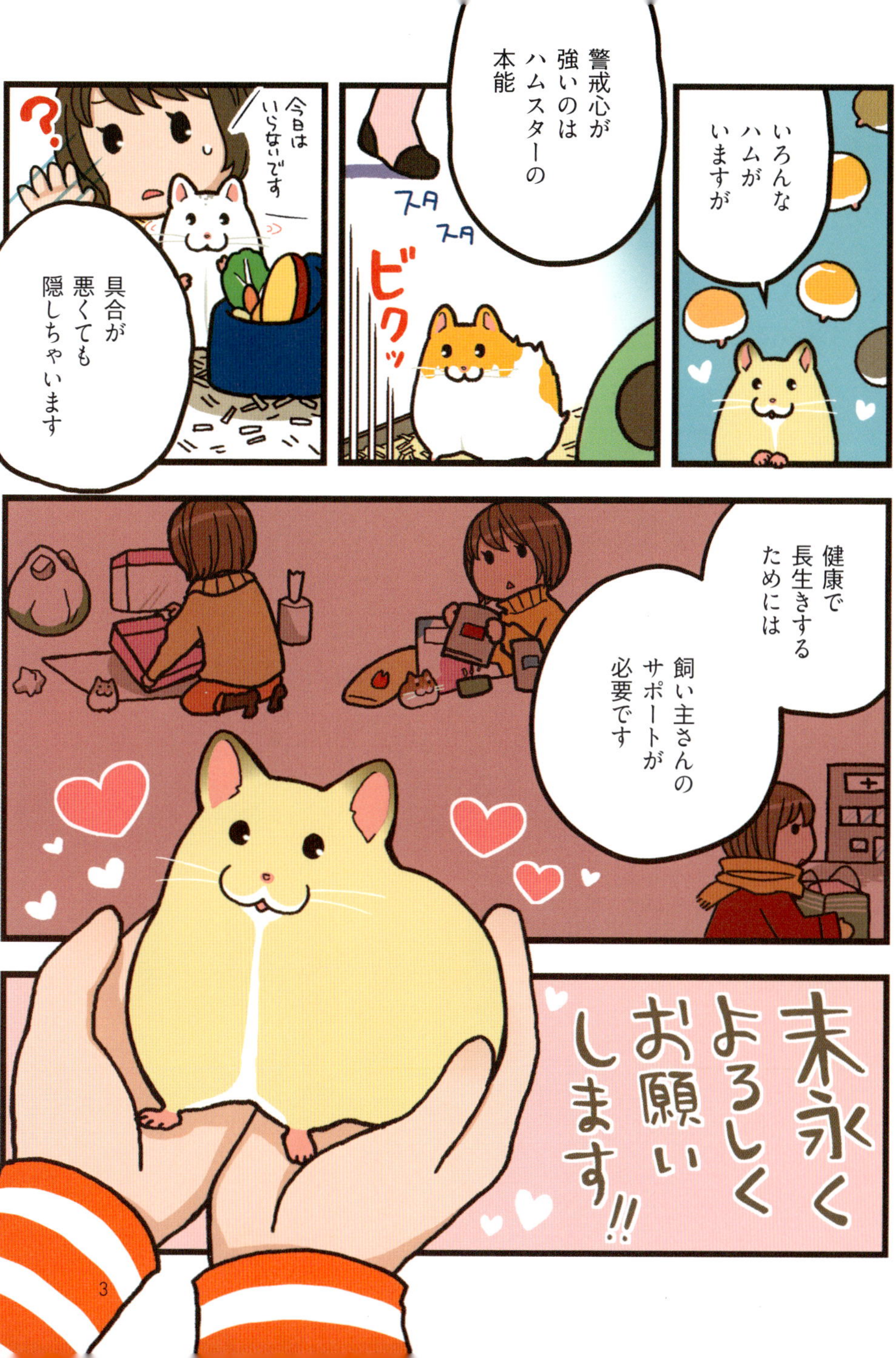
いろんなハムがいますが
警戒心が強いのはハムスターの本能
スタスタ
ビクッ
今日はいらないです
具合が悪くても隠しちゃいます
健康で長生きするためには
飼い主さんのサポートが必要です
末永くよろしくお願いします!!

Contents

P.12からの本書のみかた

ふきだし
わたしたちの疑問
ハムスターってどんな動物?

見出し
ハムごころ
土の中で暮らすげっ歯類です

part 2

ハムスターの心

逃げなきゃ

part 3

ハムスターとの暮らし

くん
くん

part 4

ハムスターとのお付き合い

part1

ハムスターの体

ハムスターって
どんな動物？

土の中で暮らす げっ歯類です

ハムスターのふるさとは砂漠や草原

ハムスターが発見されたのは18世紀、ペットデビューは20世紀。ほんの100年ほど前までは、ハムスターは幻の野生動物だったのです。

こんなに小さくかわいらしくて、いかにも弱そうなハムスターが、厳しい大自然の中で生きいけるのかな!?　と思わず心配になってしまいますよね。でも、ハムスターはネズミやリスと同じげっ歯類《しるい》という仲間で、約600万年前ごろには誕生していたと言われています。600万年前といえば、人類の誕生と同じころ。そんな昔から野生の中で生き残ってきたと思うと、すごいですよね。

ハムスターが生き延びるために選んだ奥義は「見つからないようにする」こと。ほかの動物が住まないような乾燥地帯に、穴を掘り土の中でひっそりと暮らしていたのです。土の中は外敵や厳しい寒暖差から身を守ってくれる最適な住処だったのですね。

そして、食料を確保するため、個々に縄張りを決めて1匹で暮らします。縄張り意識が強いのも、臆病なのも、厳しい環境で生きるために身に着けてきた習性というわけです。

1日のスケジュールは？

夜行性ですが昼間もけっこう起きています

お世話やふれあいはハムが起きている時間に

寝静まった暗い部屋に響くカラカラカラ……という音。夜の回し車の音はハムスター生活の醍醐味《だいごみ》ですが、最初は「なぜ今!?」と思うかもしれませんね。でもそれは仕方のないこと。ハムスターは夜行性の動物です。野生では昼間に動くと外敵に見つかりやすいため、暗い時間に活動します。その習性が残っているのです。

　ハムスターは昼間寝て、夕方6時くらいから覚醒《かくせい》、夜に活動的になります。ただ、飼われているハムスターは昼間でもちょこちょこ

活動しています。人間の生活に順応しているのかもしれません。

さて、飼い主がハムスターの毎日に介入するのは、主に次の3つ。

◆エサをあげるとき
◆トイレ、床材の簡単な掃除
◆ハムと遊びたいとき♡

これらをいつ実行するかは、ハムスターの様子を見ながら決めましょう。基本的にはハムスターが起きているときに行ないたいものですが、掃除は寝ているときでもまったく起きないようなら大丈夫。ハムスターの睡眠時間は1日平均14時間。これが崩れたり、無理やり起こされると、ストレスを感じるので注意しましょう。

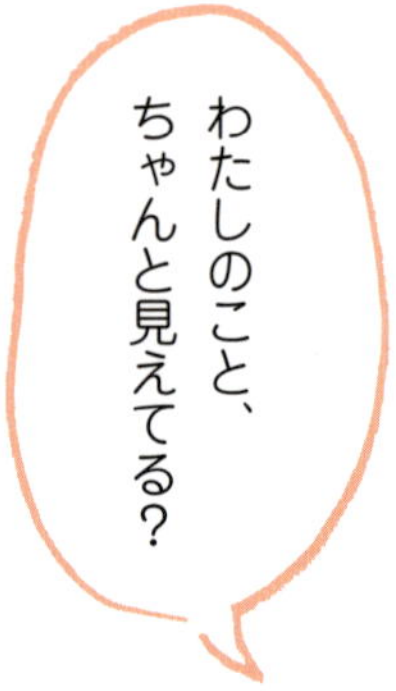
わたしのこと、
ちゃんと見えてる？

あまり見えてないけど問題ありません

りんごの
いいにおい…

ハムスターが見ているのはモノクロの世界

つぶらでかわいいハムスターの瞳。見つめられると思わずキュンとしてしまいます。が、キュンキュンきている飼い主さんに、ここで少し残念なお知らせです。実は、よく見えていません。

ハムスターは夜行性なので、暗いところでは人間よりも物を感知できますが、視力自体は弱く、何かがあるな……とぼんやり見える程度。色も見分けられず、モノクロの世界を見ていると考えられています。また、目が横向きについているので、視野は約２７０度と広いですが、立体的には見るのが苦手。よく、高いところから落ちてしまうのは、高さがよくわかっていないからなんですね。

ハムスターは優れた聴覚、嗅覚で周りを感知しています。人間は外からの情報をほぼ視覚に頼っていますが、ハムスターは耳と鼻が目の代わりなのです。

ハムスターの目の疾患で多いのが白内障《はくないしょう》。2歳くらいから発症しやすいと言われています。飼い主としては心配ですが、実はハムスターにとっては目が見えなくてもあまり支障がありません。もともと視覚には頼っていないので、普通に生活できるのです。

ちっちゃな耳なのに
高性能ってホント?

人には聞こえない超音波で交信します

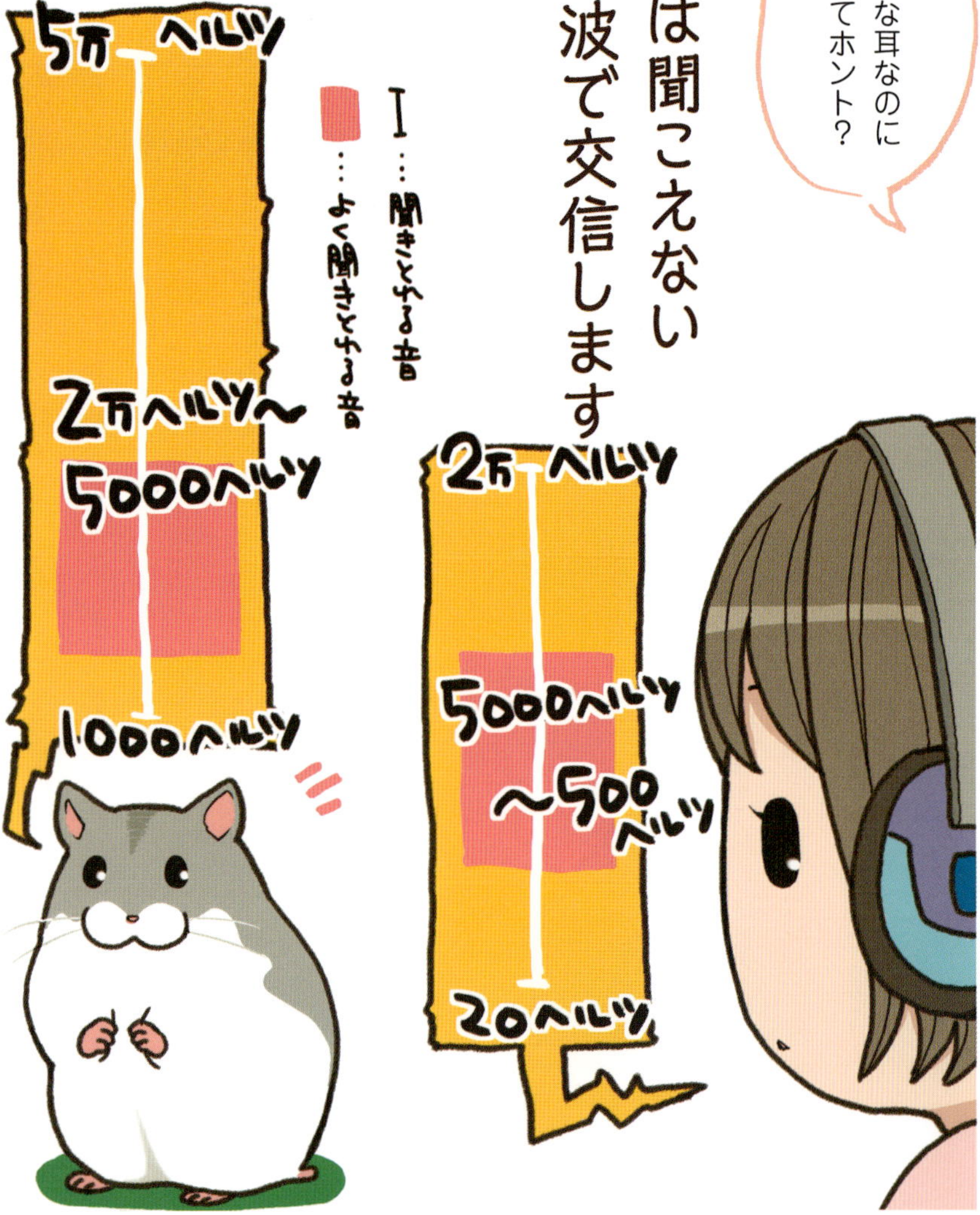
5万ヘルツ
2万ヘルツ〜
5000ヘルツ
1000ヘルツ
…聞きとれる音
…よく聞きとれる音
2万ヘルツ
5000ヘルツ
〜500ヘルツ
20ヘルツ

聞こえる音域は人間の約4倍！

ハムスターの耳はとても優れています。人間が聞きとれると言われる20～2万ヘルツに対し、ハムスターが聞きとれるのは1000～5万ヘルツ。人間には聞こえない超音波も聞き分けることができるのです。

元々群れを作らず、単独で行動する動物なのであまり鳴きませんが、野生のハムスターは超音波を使って仲間や親子間でコミュニケーションをとっていると言われています。鳴いているように見えても鳴き声がしない、なんていうときは、超音波を使って鳴いているのかもしれません。

では、人間の声はどう聞こえているのでしょうか？　ハムスターが聞きとりやすい音域は5000～2万ヘルツ。一方、人間が話す声は300～1000ヘルツが一般的だと言われています。どうやら、ハムスターにとって人間の話す声は、低くて聞きにくい音のようですね。男性の低い声などは聞こえていない可能性も。

ただ、声は聞こえていなくても、足音やちょっとしたしぐさから出る音を聞き分け、飼い主さんを判別している可能性はあるのではないでしょうか。

いつも鼻をヒクヒクさせているけど？

においで周りの様子を探っています

きみはだぁれ？

行動するときは鼻が頼り

隠れ家から顔を出してヒクヒク。動きながらヒクヒク。常にヒクヒクしているハムスターの鼻。それもそのはず。ハムスターは必死でにおいを嗅いで、周りの状況を探っているのです。

ハムスターは目が悪いぶん、周囲の状況は耳や鼻に頼ります。とくににおいを感じとる嗅細胞《きゅうさいぼう》の数は、人間の約40倍！　食べ物を探すのはもちろん、自分の縄張りの様子や相手の識別、外敵の位置まで判断できるとか。

ハムスター同士を会わせるとに

おいを嗅ぎ合うのは、お互いに「誰かな？」と確認しているのですね。とくにメスは交配相手のオスを選ぶとき、においを嗅ぎ分け近親から離れた相手を選ぶというからたいしたものです。

そんなハムスターですから、人間のにおいも当然嗅ぎ分けているはず。飼い主さんのこともにおいで覚えます。ハムスターはいいことがあったときにしたにおいは「好きなにおい」、嫌なことがあったときにしたにおいは「警戒するにおい」と認識するもの。なぜかいつも咬まれる……なんて人は、ハムスターに〝要警戒なにおい〟と認識されているのかも!?

小さい手足には
どんな機能が!?

手は意外と器用なんです

手足は小さいながらも しっかり高機能!

　小さくてかわいいハムスターの手足ですが、ビックリする事実がいくつか隠されています。

◆その1　実は長い!

「えっ!?　短いじゃん!」と思いますよね。あの短足は、皮膚がたるんでいるため、膝から上が隠れている状態。骨を見ると意外と長いことがわかります。また、外側に広がりやすいので、狭い隙間もスルリとすり抜けられるのです。

◆その2　物は必ず両前足で持つ

ハムスターは食べ物を前足で持って器用に食べますよね。お行儀よく、必ず両前足で。これは、ハムスターの前足の指が4本だから。5本目の親指にあたる指は退化し、肉球しか残っていません。物を持つときはこの肉球にひっかけているだけなので、片足では持てないのです。

◆その3　肉球がある！

先に少しふれましたが、ハムスターにもきちんと肉球があります。野生のハムスターはエサを探しに一晩で数十キロ移動すると言います。この距離を人間の体で換算すると、なんと300キロにもなるのだとか。そんな長距離を走れる力強い足には、衝撃を和らげてくれる肉球が必要だったのですね。

味は
感じているの?

繊細な味もわかるけど グルメではありません

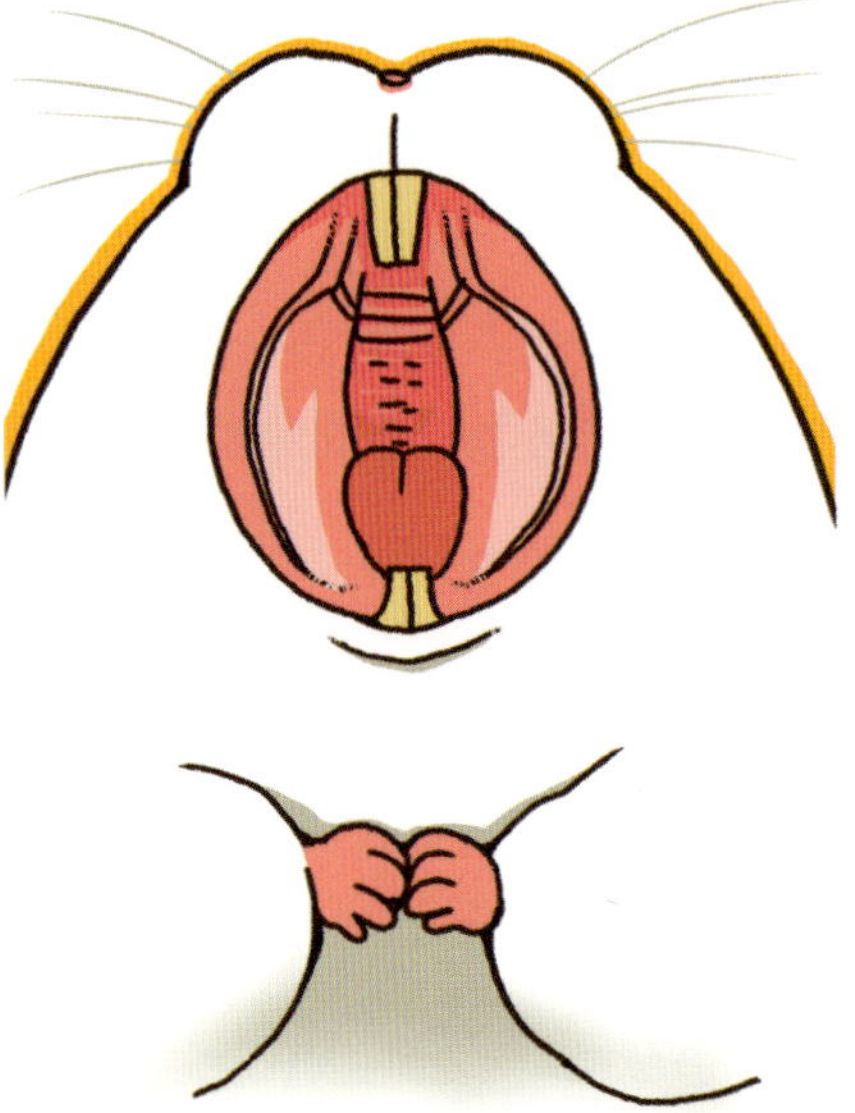

かわいい外見とは裏腹!? 口の中は超ワイルド!

ハムスターの口の中をはじめて見たとき、多くの人はかわいい顔とのギャップに驚くのではないでしょうか。

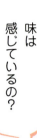

まず、予想以上に大きく開く口にビックリ。ハムスターのあごの関節はもともと可動範囲が大きいのです。そこからのぞくのは、鋭い牙……ではなく前歯。正確には切歯《せっし》といい、上下2本ずつあり一生伸び続けます。奥には臼歯《きゅうし》が12本生えています。

そして、口内の左右にはほお袋の入り口が。ほとんどのハムスターは、食べ物を一度ほお袋に入れ、安心できる場所に移動したら出して食べ始めます。ゴールデンハムスターは、ほお袋にひまわりの種を80個も詰め込むことができるのだとか！

味覚はというと、ハムスターは味に敏感です。とくに野生で主食としている木の実や草の味については繊細な違いも感じとっているようです。ですが、食料が少ない地域で生きてきたため、なんでも食べる習性があり、グルメとは言い難いですね。ただ、人間の食べるような濃い味に慣れてしまったハムスターの中には好き嫌いをする子もいるようです。

いろんな
毛色の子がいるね?

もともとはみんな茶色の毛色でした

豊富な色や模様はペットならでは

　ハムスターはとてもきれいな被《ひ》毛《もう》の持ち主。全身をおおうフカフカの毛は水をはじき、年に2回生え変わります。夏毛と冬毛で色や模様が変わることは基本的にはありませんが、ジャンガリアンハムスターの中には冬に白い毛に生え変わる子もいます。ジャンガリアンハムスターの生息地であるシベリアは冬になると雪におおわれるため、身を隠すために備わった機能なのです。

　このように、野生動物は基本的に体を隠す毛色に進化していくも

の。実はハムスターも、もとはすべて茶色一色でした。土の中で暮らすハムスターにとって、茶色は一番の保護色。真っ白だったり、模様があったりしては目立ってすぐに敵に見つかってしまいます。そのため、突然変異で生まれても生き残れなかったのですね。

さまざまな色や模様が誕生したのは、人間に飼われるようになってから。ゴールデンハムスターの中には長毛種《ちょうもうしゅ》もいますが、これも突然変異で生まれたのを人間が繁殖させたものです。

もともと短毛種《たんもうしゅ》であるハムスターには、ブラッシングなどのお手入れはとくに必要ありません。

ハムスターの品種を知りたい！

人気の品種を紹介します

世界中で 20 種以上はいると言われるハムスター。
ここで紹介する5種は、どれも飼いやすい性質ですが、
それぞれ異なる魅力満載です！

ゴールデンハムスター

体長　オス：約18㎝
　　　メス：約19㎝
体重　オス：約85～130g
　　　メス：約95～150g

ほかの種類よりペット歴が長いため、人に慣れやすく穏やか。初心者でも飼いやすいハムスターです。毛色もバリエーション豊かで個性的。いろいろな子を飼いたくなってしまいますが、縄張り意識が強いので飼うときは1匹で。

赤ちゃんのころは
こんなに小さいよ

長毛の子もいます

ジャンガリアンハムスター

体長　オス：約7～12㎝
　　　メス：約6～11㎝
体重　オス：約35～45g
　　　メス：約30～40g

体が小さいドワーフ系のハムスターの中でも、人になつきやすい性格で人気者。おっとりしている子が多いものの個性は豊か。相性がよければ複数飼いも可能なので、性格の違いを楽しむこともできますよ。

手の上でまったり

回し車大好き

冬になったら真っ白!?

雪国生まれのジャンガリアンの中には、冬に毛が白く生え変わる子も。日本の気候では変わらない子もいますが、色を選びたいなら冬以外の季節に。

チャイニーズハムスター

体長　オス：約11～12㎝
　　　メス：約9～11㎝
体重　オス：約35～40ｇ
　　　メス：約30～35ｇ

最大の特徴である長めのしっぽは、ハムスター界では珍しく木登りする習性があるため。顔や体も細めでシャープな印象ですが、おとなしい性格で人にもよくなついてくれます。においも少ないので初心者は飼いやすいでしょう。

長いしっぽが
特徴！

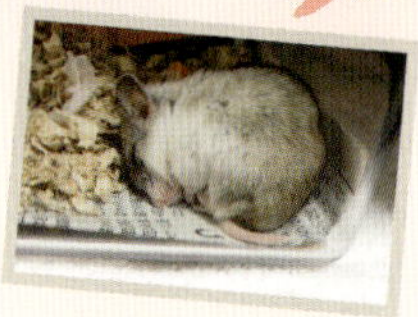

キャンベルハムスター

体長　オス：約7～12㎝
　　　メス：約6～11㎝
体重　オス：約35～45ｇ
　　　メス：約30～40ｇ

ドワーフの中ではいちばん毛色が豊富。ジャンガリアンハムスターと似ていますが、性格は警戒心が強く気も強いです。でも上手に飼育できれば飼い主にも慣れ、手乗りにできる子もいます。

ピンとした耳が
かわいいでしょ

ロボロフスキーハムスター

体長　約7～10㎝
体重　約15～30ｇ

ハムスターの中でいちばん小さい種類。マスコットのようなかわいらしさで人気です。動きが早く、臆病で人慣れもあまりしないことから、コミュニケーションは不向き。相性が合えば複数飼いも可能です。

ミニマム
サイズだよ

ママとくっついて
いたいの～

病院①

7駅くらい先の病院に行きました

病院②

隠したい食生活の暴露

part2

ハムスターの心

気持ちは
どこに表れる?

気持ちは顔よりも行動に出ます

しぐさや行動を観察してみよう

「目を見れば気持ちがわかる」といいますが、ハムスターの目を見ても何を考えているかさっぱり。でも、それは当たり前。ハムスターは単独で生活する動物です。コミュニケーションは基本的に必要ないので無表情だし、鳴き声もあまり出しません。

動物が黒目がちなのは、敵に行動を悟らせないためと言われます。意思表示をしないことが身を守ることにもなるわけですね。

しかし、ハムスターに感情がないわけではありません。野生下では「警戒」か「安心」が感情の基準と言われますが、飼いハムはどうでしょう。危険がないため、警戒心の弱いおだやかな子もいます。もしかしたら、安心の延長線上で「楽しい」などの気持ちが芽生えるのでは？ そんな表情をしている気がするけど!? と思いますよね。

そう、表情には出ずとも行動に気持ちが出てしまうのがハムスターです。とくに耳の動きやしぐさには、気持ちが素直に反映されます。ときには鳴き声で訴えていることも。よく観察すれば、ハムスターの豊かな感情が見えてくるはずです。

アイコンタクト、できるかな?

目には気持ちより体調が表れます

アイコンタクトできるのは落ち着いている証拠

ハムスターとのアイコンタクトは、犬や猫とするような意思の疎通をはかるものとは少し違います。ハムスターと「目が合った」と思えるとき、それは、ハムスターにとっては何か気配を感じたからそちらを見ただけ、そこにあなたがいただけ、というのが本当のところ。視力が弱いハムスターには、あなたのことは見えていないかも。

でも、本来は臆病なハムスターですから、気配を感じたら目を合わせる間もなく逃げてしまうことも多いものです。目が合わせられるのは、それだけ落ち着いているということ。あなたとの生活がうまくいっている証拠です。

このように、アイコンタクトは飼い主さんがハムスターの様子をチェックするのに役立ちます。ハムスターの健康状態の良し悪しは目に出ることが多いため、普段から目を見ることは大切です。

元気なときは目がぱっちり開きキラキラしていますが、調子が悪いときは目がショボショボしていたり、閉じていたりします。「ショボ目」は病気のサインでもあります。「目に元気がないな」と感じたら、動物病院を受診することをおすすめします。

耳が立っているとき
寝ているときの
違いは？

耳はとても表情豊かなのです

ハムスターの感情は耳からも読みとれる

単純に、音を聞こうとしているときは耳がピンと立つし、聞こうとしていないときは、耳の力が抜けています。このようなことから、耳を見ればハムスターの心理状態をうかがうことができます。

◆耳をピンと立てているとき

気になる音がしたときに耳を立てるのはもちろん、遊んでいるときなど、普通の状態でも耳が立っていることが多いもの。もともと警戒心の強い動物ですから、いかなるときも音に注意を払っていると言えそうです。

◆耳がペタンと寝ているとき

リラックスしているときは耳が寝ます。これは、周りの音に注意を払わなくていいと安心している証拠。また、眠っているときは耳の筋肉がゆるむため、耳が寝るようです。集中して何かをしているときも耳をペタン。周りの音を遮断して作業に没頭するのでしょう。

◆耳がクシャクシャなとき

寝起きで耳に力が入っていない、または体調がよくないときにもクシャクシャになりやすいです。

◆耳を後ろに向けている

非常に警戒している、ビクビクと怖がっているサイン。さらに口を開いていたら威嚇のサインです。

突然
キーキー鳴いて
どうしたの？

声を出して鳴くのは警戒サインです

ハムスターが鳴いたら非常事態⁉

もともとハムスターはあまり鳴きません（P.19参照）。そんなハムスターが鳴き声を出すとき。それは、相手を威嚇したり恐怖を伝えようとしているときです。

「ジジッ」「ギギー」

これがいちばんよく聞く鳴き声。「なんか怖いな……」「嫌だな」という警戒の鳴き声です。ふいに触ったりすると、ビックリしてこの声を出すことも。

「キーキーッ」

鳴き声が甲高く、長くなるほど緊張度が高い状態です。「怖いよ～！」「やめて～！」という興奮状態。ケンカのときなどに聞かれます。仰向けになって暴れながら鳴くときは、攻撃性も高まっているので、手を出すと咬まれることも。安心できる場所で、興奮が収まるまでそっとしておいて。

鳴き声＝警戒サインですから、飼い主としては聞かないに越したことはありませんよね。でも、

「キュ」「チュン」

と、とても小さな声でこのように鳴くことも。さみしいとき、要求があるときの声とも言われています。実際のところはわかりませんが、これは飼い主さんをメロメロにする声には違いないようです。

寝ているときは寝言も言います

寝ているのに
何か
聞こえるよ?

ハムスターだって寝言も言うし夢も見る!?

「キュッ」とか「プップッ」とか、寝息に近い「ピーピー」とか。寝ているときに耳を澄ましてみると、かわいらしい声が聞こえてくることがあります。こんな声を聞けるのも飼い主ならではの特権ですね。

さて、ここでひとつ、素朴な疑問。ハムスターも夢を見るの？

人間は寝ているとき、レム睡眠（浅い眠り）とノンレム睡眠（深い眠り）を繰り返し、レム睡眠のときに夢を見ると言われています。実は動物の中でも哺乳類と鳥類は、人間と同じようにレム睡眠とノンレム睡眠を繰り返しているのだとか。実際に犬や猫は睡眠の8割がレム睡眠の状態だとも言われています。野性を残す動物ほど危険が生じたときにすぐ対応できるよう、浅い眠りが長くなるのです。

ということは、ハムスターも睡眠のほとんどはレム睡眠のはず。夢を見ている可能性も高いと言えるのではないでしょうか。

寝ながら体がぴくぴく動いたり、中には走っているように足を動かしたと思ったら、前足を口元に持っていき口をもぐもぐするハムスターも。もしかしたら、おいしいものを見つけて味わっている夢を見ているのかもしれませんね。

キュ、キュって
不思議な声が
聞こえるよ?

くしゃみや しゃっくりかも

アレルギーや病気のサインかも?

「キュ…キュ…キュ……」

定期的にこんな声を出していたら、しゃっくりかもしれません。

「クシュ」

とても小さく聞き逃してしまいがちですが、くしゃみをすることもあります。

正直、どちらも声が小さくて区別がつかないことがありますが、ハムスターからいつもと違う呼吸音が聞こえたときにはちょっと注意が必要。数回で止まるようなら問題ありませんが、定期的にする、継続している、などの場合は病気

の可能性があります。
いちばんに疑われるのが床材のアレルギー（P.101参照）。その場合は床材を紙製のものなどに変えると治まることもあります。
アレルギー以外では、呼吸器疾《こきゅうきしつ》患《かん》や心臓疾患《しんぞうしっかん》なども考えられますが、これはレントゲン検査をしてみないとわからないもの。呼吸音が気になるときは早めに動物病院で診てもらうと安心です。ただ、ハムスターの治療に慣れている獣医師でないと、なかなか原因を特定できないことも。ハムスターの検査・治療環境が整っていて扱いに慣れている動物病院を、健康なうちに探しておきましょう。

歯をガチガチするのは怒っているの?

歯の調整をしていることもあります

不満? 本能? いろいろある歯ぎしりの意味

歯を上下に横にこすり合わせながら「ガチガチガチ……」。ハムスターが険しい顔をしながら、歯ぎしりしていることがあります。

歯ぎしりをする理由はいろいろあるようです。不満を表していたり、威嚇の意味があるとも言われますが、すべてがそうではありません。

ハムスターの歯はかたいものを食べるのに適しています。人間の爪のように一生伸び続けますが、かたいものをかじることで自然と削れるので、多くの場合はカット

しなくてもちょうどいい状態を保てているようです。それでも時には不具合が生じることもあります。とくに怒っている様子でもないのに歯ぎしりをしている場合は、歯の調整をしているのかも。不正咬《ふせいこう》合《ごう》など歯のトラブルの可能性もあるので、歯ぎしりが多いと感じたら念のため受診しましょう。

また、寝ているときにも歯ぎしりをすることがあります。ハムスターは本能的に〝かじる〟習性がある動物。夢の中でも何かをかじっているのでしょうか。もしくは人間と同じように、ストレスが睡眠時の歯ぎしりに繋がっているのかも!? 理由はまだ謎です。

そのほお袋、
どこまで
パンパンにする気?

食べ物はとりあえずほお袋に入れたいのです

出し入れ自由!便利なほお袋

ほお袋をパンパンにしたハムスターって、なんだか満足げな顔をしているように見えませんか?ほおが横に広がり口元が微笑んでいるように見えるだけかもしれませんが、ハムスター的にもまんざらでもなさそうです。

なぜなら、ハムスターは貯蔵が大好きだから。野生では食料が少ない地域で暮らしていたため、見つけた食べ物はすぐに全部食べるなんて贅沢なことはしません。次、いつ食べ物を見つけられるかわからないので、ほお袋に詰められる

ほお袋は腰くらいまで広がる

だけ詰め、巣穴へと持ち帰るのです。ちなみに、巣材などを持ち運ぶときにも使います。便利な備え付けリュックのようですね。

　食べ物の心配のない飼いハムでも、一度はほお袋に保管する子がほとんど。長年の習慣からほお袋に食べ物が入っていると安心するのかも。それに本来臆病ですから、「落ち着ける場所でゆっくり味わおう！」と思うのでしょう。

　ほお袋の使い方にはクセがあり、片方のほお袋ばかり使う子もいます。クセなら問題ありませんが、もう片方が炎症を起こしていて使えない場合もあるので注意しましょう。

危険を感じたら
エサを出して逃げます

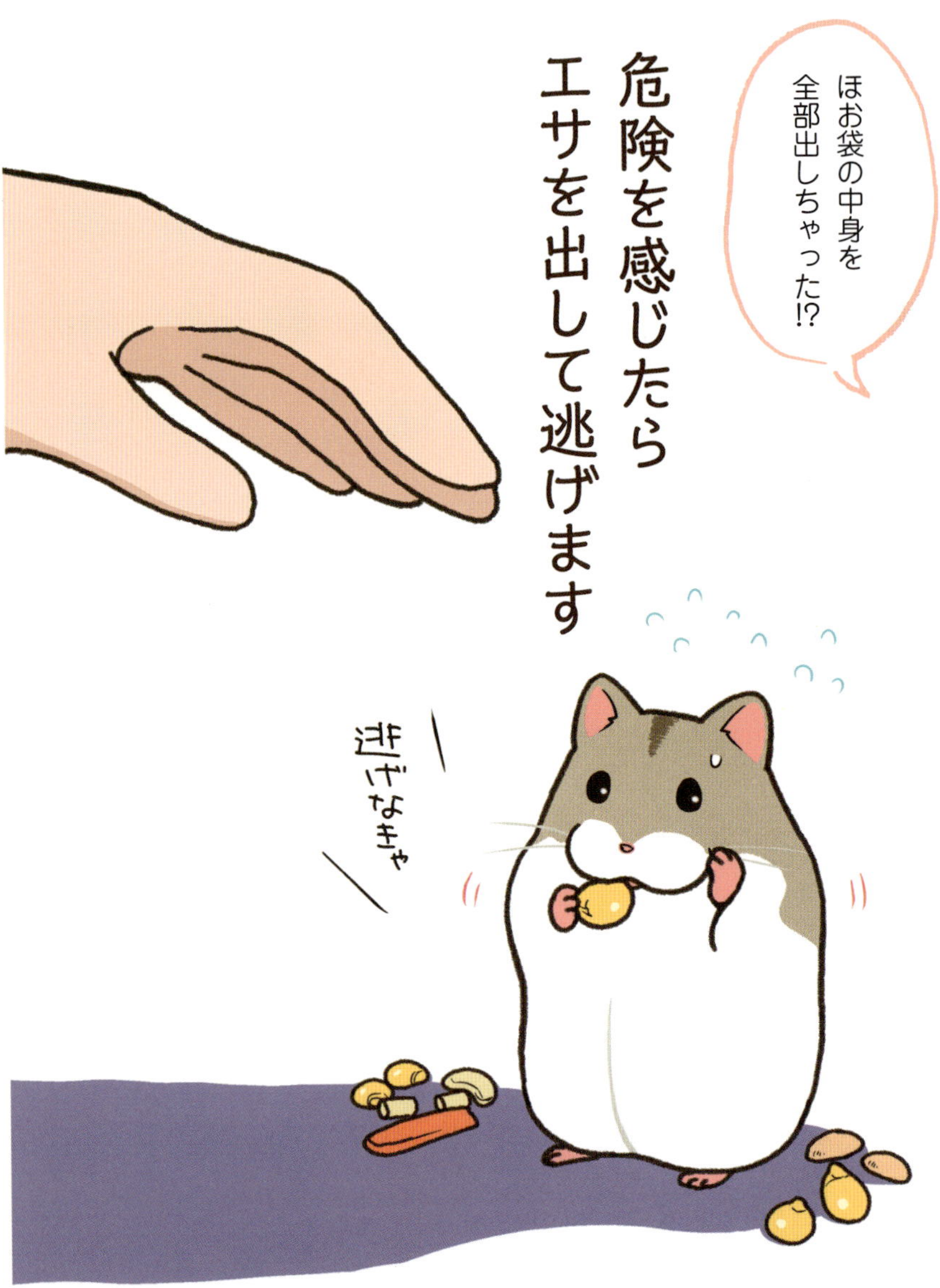
ほお袋の中身を全部出しちゃった⁉
逃げなきゃ

突然ほお袋のものを出すのは危険を感じている証拠

大切な食料をしまったほお袋。それを突然、自分の前足でぎゅうぎゅう押して中身を全部出そうとすることがあります。こんなときのハムスターは、「命がヤバイ!」というほどの危機を感じています。動物病院の診察のときなどにこのような行動をする子が多いようです。

まるで「これあげるから、ゆるして」と言っているようにも見えますが、ほお袋に貯め込んだ食べ物を出して、少しでも体を軽くして逃げようとしているのです。大事な食べ物を捨ててしまうというほどの恐怖を感じているということですから、こんな行動をしたときには、それ以上ストレスを与えないようにそっとしておいてあげて。

これとは逆に、ほお袋に詰めたものを出したくても出せなくなるときもあります。ハムスターはほお袋に入れたものを、だいたい1日の間で出し入れするもの。もし、何日間もほお袋がふくれている場合は、中に入れたものが出せなくなっている可能性があるのでチェックしてみましょう。粘度の高いもの（炊いたお米など）は、ほお袋の中にくっついて出しにくくなるので注意が必要です。

立ち上がって何を見ているの?

異変を感じたら背伸びで遠方確認!

主に興味津々ときどき威嚇!?

意外にたくましい足を持っているハムスターは、二本足だけでもしっかり立つことができます。

ハムスターが突然、スクッと立つとき。それは多くの場合、何か異変を感じとって警戒しているとき。姿勢を高くして「なんだ? 何かくるのか!?」と遠くまで見渡そうとしているのです。実際にはあまり見えないので、音やにおいが頼り。音を拾おうと耳をピンと立てていたり、鼻をヒクヒクさせる様子が見られることでしょう。

これとは別に、相手を威嚇する

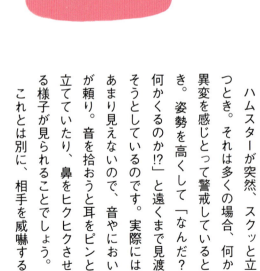

ために立つこともあります。小さいながらもできるだけ大きく見せようという涙ぐましい努力です。さらに口を開き、歯を見せて「咬みついてやるぞ！」と相手をおどすこともあります。

　また、飼い主さんが近くに来ると立ち上がる、ごはんの時間になると立ち上がってソワソワし出すという子も。この場合は、過去の経験から、条件反射的に「何かあるはず！」と感じているようです。ハムスターは「○○があったら×がある」という条件付けで学習できます。とくに食べ物に関してはよく覚えていて、反応することが多いようです。

地面に伏せて警戒捜査中！

体を低くして
ほふく前進？

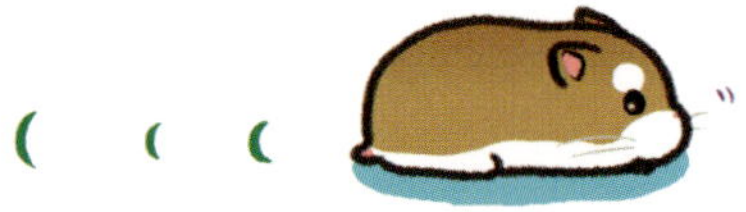

新しい場所ではにおいをかいで、つけて、大忙し

コロコロしているハムスターが、平べったくなるときがあります。それは知らない場所を歩くとき。

顔やおなかを床につけるようにして体を低くし、おしりはいかにも〝逃げ腰です〟といった感じで後ろに残しながら歩く。まるで「ほふく前進」のよう。これは周りの様子を慎重に確認しながら進んでいるときに見られる行動です。「厳重警戒捜査中！」といったところでしょうか。

人間のほふく前進は、主に敵に見つからないように体を低くする

のですが、ハムスターの場合は少し違う理由があります。

第一は、においをかぐため。地面のにおいを嗅ぎながら「ここはどんな場所？」「誰のにおいがするかな？」と探っているのです。

第二に、自分のにおいをつけるため。嗅覚が発達しているハムスターはにおいで自分の縄張りを主張します（P.73参照）。新しい場所では自分のにおいをつけて少しでも安心したいのですね。

ほふく前進しているときは、警戒心が高くなっているとき。上から手を伸ばして触ろうものなら、「敵発見！　突撃～！」と攻撃されるかもしれませんよ。

突然ピタッと
止まって
動かないのは？

危険を察知すると石になります

風景に同化するのがハム流の危険回避術

突然、スイッチが切れたようにピタッと止まることのあるハムスター。物音がするとピタッ。ツンツンと触ったらピタッ。その姿がかわいいからと、何度も触ったりするのはやめましょう。フリーズ中のハムスターは緊張状態。表情は変わらずとも、内心かなりドキドキしているはずです。

ハムスターが動きを止めるときは、危険を察知していることが多く、じっと固まることで危険を回避しようとしているのです。「じっとしていたら危ないのでは？」

と思いますよね。でも、自然界の常識はちょっと違うのです。

　動物は広い範囲から獲物を探さなくてはならないため視野が広く、動体視力が優れていることが多いもの。動くものには素早く反応しますが、動かないものは風景と同化してしまい見分けにくいのです。きっとハムスターは「見つかりませんように……」といった気持ちで息をひそめているのでしょう。

　また、前足を片方だけ上げて固まっていることも。これは片足だけでも地面につけておくことで、すぐ逃げられるようにしているのです。止まってダメなら、走って逃げるしかありませんから。

丸くなって寝るのは寒いから？

寝相はハムによってさまざまです

温度、心情、異変!? いろいろ読み取れる寝相

小さいハムスターは体の上から狙われることが多いので、野生ではことは急所であるおなかを上に向けることはほとんどありません。寝るときも基本は背中を丸めて寝ます。でも、飼いハムは実にいろいろな寝姿を見せてくれますね。その子のクセもあるので一概には言えませんが、寝相から読み取れることもあります。

◆リラックス度

体を丸めているときよりも、体を伸ばして寝ているときのほうが、当然リラックス度も高いもの。おなかを大胆に出したあお向け寝は飼いハムならではの寝相です。

◆温度

寒いときは丸まって、暑いときは体を伸ばして寝ます。とくに体を伸ばしてうつ伏せで寝ている場合は、冷たい場所に体を当てて熱を発散しているのかも。警戒中は暑くても丸まって寝ます。

このように、リラックス度や温度、あるいは眠気度などで寝相は変わりますが、意外と個性が出るもの。いつもと違ってずっと丸まっているというときには病気が隠れている場合も。日ごろの寝相を知っておくと不調のサインも発見しやすいかもしれませんね。

ハムスターも冬は
お寝坊さんなの？

寒いと自動的に冬眠モードになります

飼育下での冬眠モードは命の危機!?

寒い日に、「いつも顔を出すのに今日は出てこないな……」なんて思うときがあったら、すぐハムスターの様子を確認しましょう。もし、ハムスターの体温が下がっていたら命が危険です。

ハムスターは気温が5℃を下回ったり、急激な気温の低下が起こると、体温、心拍数、呼吸数などが低下し動けなくなることがあります。これは「疑《ぎ》似《じ》冬眠《とうみん》」というもので、熊やリスがする冬眠とは異なります。

体内に冬眠物質を持たないハム

疑似冬眠中のハムスターの状態
・体を丸くして寝ている
・低体温
・体や皮膚はやわらかい
・さわるとつめたい
・呼吸数・鼓動はかなりゆっくり

スターが冬眠のような状態になるのは、寒さから身を守る最終手段。でも、疑似冬眠は非常に体力を消耗するため、放っておいたらうまく起きることができず、そのまま亡くなってしまうことも。冬眠モードにさせないよう、冬場のケージ内の温度管理は万全に！ 暖かく過ごせるよう、巣材や床材も多めに入れてあげましょう。

もし、ハムスターが丸く冷たくなっていた場合、手やタオルで包んで温めつつ、専門の獣医師の指示を仰ぎましょう。ドライヤーでゆっくりと温めると有効な場合もありますが、急激に温めるのはNGです。

ひっくり
返っちゃった！
大丈夫？

足が短いので起き上がるのは一苦労

じた
ばた

威嚇、恐怖、リラックス……さて、ど〜れだ？

ハムスターがひっくり返っているとき、それはその状況に応じてさまざまな意味があります。

◆ジタバタしている

ひっくり返ったままジタバタ。これは単に起き上がれなくてもがいているのかも。そっと背中に手を入れて助け起こしてあげて。

◆仰向けで寝ている

急所のおなかを出して寝るのは、リラックスしている証拠。ただ、暑さのあまり体を伸ばしていることもあります。気温の確認も忘れずに。

◆鳴きながらバタバタ暴れる

ひっくり返りながら手足をバタバタさせ、キーキーと鳴いているときは、かなりの興奮状態。怒っているときや怖いとき、「ヤダヤダ！　これ以上近寄るな！」と威嚇しているのです。

◆音に反応して死んだふり!?

突然大きな声を出したりすると、コロンとひっくり返ることが。これは死んだふり。大きな音に恐怖を感じて、死んだふりをして身を守ろうとしているのです。強いストレスは突然死を招くこともあります。ひっくり返るのがかわいいからとわざと大きな音を出して驚かせたりするのは禁物です。

急にダッシュして
どうしたの?

危機が迫ったら逃げるが勝ちです

とにかく逃げる！それが生き残る手段

じっとしていたハムスターが突然、猛ダッシュ！

その理由はいたって単純。危険を察知して逃げているのです。

何かが来たわけでも音がしたわけでもないのに？　というのは飼い主さん側から見た状況。ハムスターの嗅覚と聴覚は人間よりはるかに優れています。わたしたちには感じとれない〝何か〟を感じて危険と判断したのでしょう。

その証拠が「突然」のダッシュ。ダッシュする前はピタッと止まって耳や鼻をピクピクさせているは

ずです。危険を察知したらまず見つからないよう石になる（P.56参照）。それでもいよいよヤバイと感じたら一心不乱に逃げる。これがハムスターの生き延びる道なのです。

　また、においや音はいつも通りなので安心していたら、突然目の前に物が現れてビックリ！　なんて状況で逃げることもあります。目の前にくるまで気付かない、目が悪いハムスターならでは。

　どちらにしても、ダッシュ中のハムスターはパニック状態になっています。誤って高所から落下したりすることのないよう注意してあげましょう。

床をホリホリ、
そこに
何があるの？

床を掘るのは巣作りの本能です

本当は土を掘りたい！ハムスターの本能

ときに、床を一生懸命ホリホリしているハムスター。決して「ここに何かがある！」と感じて掘っているわけではありません。彼らはただ一心不乱に掘り続けます。そう、「掘りたい」という本能に従っているだけなのです。

それはもともと土の中に巣を作り地中で暮らしていた動物だから（P.13参照）。長年そうやって生きてきたのですから、ハムスターには「地面は掘るもの」とインプットされているのです。そこが決して穴のあくことのない床であっても……。

また、危険を感じたときにもホリホリ行動が見られます。とっさに床を掘って、安全な巣の中（土の中）に入ろうとしているのでしょう。

「急いで土の中に逃げこむぞ！」と、巣材を一生懸命ホリホリするも、行き止まり。おしりが出ているのに隠れたつもりでいるハムスターを見ると、なんともせつない気持ちになってしまいますね。

でも、たくさんの土を用意するのはスペース的にも衛生的にも難しいもの。せめて、体をすっぽり隠せる巣箱を用意してあげましょう。

ソワソワ、ウロウロ。
何か気になるの？

いつもと違うにおいだと落ち着きません

自分のにおいつけは入念に！

ケージの中でハムスターが、なんだかやたらとソワソワ、ウロウロしている……。ケージ内を大掃除した後や、新しい巣材を入れたときなどに、よく見られる行動です。見た目どおり、「落ち着かない」という心境でしょう。

「ハムスターのために」と思って行なうケージの大掃除ですが、残念ながら当のハムスターはあまり喜んでいません。においで自分の縄張りを主張するハムスターにとって、掃除で自分のにおいがしなくなれば、まったく新しい環境に

置かれるのと同じこと。しかも、また一から巣作りをしなくてはならないのですから、周りを調べたりにおいをつけたり、巣材を整えたりと大変なのです。

とはいえ、定期的な掃除は衛生上必要です。掃除の際はにおいのついた巣材や砂を少量取り分けておき、掃除後に戻してあげるとよいでしょう。

環境によるものでなければ、食べ物がほしくてソワソワすることも。においか袋を開ける音を覚えているのかもしれませんね。また、妊娠中もソワソワします。妊娠の可能性があるときは掃除は控えましょう。

前足で顔を
こするのは
何か気になるの?

ヒゲのお手入れが したいのです

ハムスターの毛づくろいにはいろいろな意味が

ハムスターが前足で顔をクルクルと洗うのは、毛づくろいの一種で、主にヒゲのお手入れをしているとき。動作が早くて見えにくいかもしれませんが、よく見ると両前足でヒゲをゴシゴシしているのがわかります。

視力が弱いハムスターにとってヒゲは周囲の状態を確認するための大切なセンサーです。常に正常な感覚が保てるよう、ケアに余念がないのです。

ハムスターを観察していると、本当によく毛づくろいをしていますよね。毛づくろいには汚れをとる以外に、次のような意味もあります。

◆「唾液＝自分のにおい」を体につけることで安心感を得る
◆唾液を体につけることで細菌感染を予防する
◆体温調節をする（唾液の気化熱で体温を下げたり、毛の中に空気の層を作ることで保温する）

飼い主さんが触った後に、「汚れちゃった！」と気にしているかのように懸命に毛づくろいされたりすると、ちょっとショックですよね。でも、毛づくろいはハムスターの心と体の健康に欠かせないもの。温かく見守ってくださいね。

壁沿いで歩けば安心安全！

壁に沿って歩くのはどうして？

手探りで歩くのと同じ!?視力が弱いハムの歩き方

ハムスターの動きを見ていると、物や壁に沿って歩いているのに気付くことでしょう。緊急時にはタ―ッと直線で逃げますが、それ以外はほとんど壁沿いです。

その理由の多くは、視力が弱いから。もしあなたが目隠しをされて歩くとしたら、手で壁を確認しながら進むはず。ハムスターも同じです。近眼で、立体的に物を見るのが苦手なハムスターは、周りに物があってもぼんやりと影があるようにしか確認できません。そのため、ヒゲや皮膚にふれる感覚

を頼りに歩いているのです。
野生で地中に作る巣穴も、体がピッタリ通れるくらいの大きさです。その名残もあり、何かに沿って歩くほうが安心できるのかもしれませんね。
また、ゴールデンハムスターの場合は、自分のにおいをつける意味もあります。なわばりを示すにおいは、臭腺《しゅうせん》というところから出ています。ゴールデンハムスターは、臭腺が左右の脇腹にあるため、脇腹をこすりつけながら歩きます。ドワーフ系のハムスターの臭腺はおなかの真ん中についているので、においをつけるときはおなかを床にこするようにします。

*どうしてそんなに
カジカジするの?*

カジカジは本能、ときどき遊び!

かじるものとかじらないもの分けられたらベスト!

食べ物はもちろん、巣材もカジカジ、巣箱や回し車もおかまいなくカジカジ……。気づけばケージの中が歯形だらけなんていうことも珍しくはありません。

ハムスターはなんでもカジカジしたくなるもの。それは、かじることで、それが何なのかを確認するため。野生のハムスターがエサにしているのは、かたい木の実などです。手にふれたかたいものは「これ、食べられるかな?」といった感じで、カジカジ。食べられないとわかると、かじらないようになります。……自然界なら。

そう、飼われているハムスターはそこで終わりません。カジカジして物を壊すことも。かじることがまるで遊びのようにもみえます。もしかしたら「楽しい♡」と思っているのかもしれません。

かじることはストレス解消にもなり、伸び続ける歯を削るためにも有効。かじっても問題のないものはそのままでいいですが、食べたら危険なもの、歯や歯茎を傷つけてしまうようなものはケージに入れないようにしましょう。脱走して電気コードなどをかじる危険も。部屋の安全対策（P.121参照）は必須です！

回し車でずーっと
グルグル。
目が回らない？

優れた平衡感覚で回ってもへっちゃら！

回し車はハムスターの本能を満たす必須アイテム!?

多くのハムスターは回し車が大好き。夜、部屋が暗くなるのを見計らいカタタタタタ……と始める子もいるでしょう。一晩の回し車での走行距離は4〜7キロになるとも言われています。

なぜそこまでストイックに？と思うかもしれませんが、ハムスターにとっては「走る」ことも本能に組み込まれているもの。野生ではエサを探すために、夜になるとそれくらい走ると言われます。もともとアスリート並みの体力の持ち主なんですね。

ただ、走っているのは大自然の地面ではなく、回し車の中。目が回ったりしない？　と心配になりますよね。でも大丈夫。ハムスターは平衡感覚をつかさどる三半規《さんはんき》管《かん》が優れているので、たとえ回し車と一緒にグルグル回っても、目を回すことは少ないのです。油断するとポーンと回し車の外に投げ出されることはありますが……。

ただ、回し車は適切なものを選ばないと事故につながることもあります。倒れにくいもの、足を挟んだりしないようにはしご状ではないもの。そしてハムスターの体のサイズに合ったものを選ぶようにしましょう。

豪快に砂浴び！
ってそこ、
トイレなんですけど⁉

トイレは最高の砂浴び場なんです

教えるのは難しい……トイレの砂と砂浴びの砂

ハムスターはとてもきれい好き。野生下ではトイレ専用の巣穴を作るくらいですから、ケージ内でもオシッコは基本的に決まった場所でします。きちんと誘導できれば、トイレを覚える子もいます。

一方、砂浴びをするのは、毛についた汚れやにおいをとるため。どちらもきれい好きのハムスターならではの習性です。

ところが、ハムスターには、トイレ砂と砂浴び用の砂の区別まではできません。トイレ砂で砂浴びする場合、飼い主さんが用意したトイレは、「砂浴びしやすい場所」と認定されてしまったのでしょう。排泄した場所での砂浴びは衛生的ではないのでやめさせたいものですが、強制的にやめさせるのは難しいので、別のトイレを設置したほうがよさそうです。

なかには、自分のにおいがついた砂のほうが落ち着くからとあえてトイレ砂で砂浴びをする子も。においに固執するのは、環境に満足していない可能性も。落ち着けない環境だと、自分のにおいをつけようと、オシッコした後の砂を豪快にまき散らす子もいます。そのような場合は、一度飼育環境を見直してみるといいでしょう。

隠れてばかりいないで
姿を見せて！

臆病なので隠れ家はほしいです

怖い思いをすると引きこもることも

人の気配を感じると忍びのごとくササッと姿を隠す、そんな〝忍《にん》ハム〟を飼っている方も少なくないはず。飼い主としては少し寂しいですよね。

でも、警戒心が強く臆病なのは種としてもともと持っている性質です。徐々に慣れる子もいますが頑として姿を現さない子、食べ物をくれるときだけ出てくる子、性格は品種や個体によってさまざま。無理強いはストレスになるだけです。忍ハムには思う存分忍ばせてあげてください。

もし、以前は慣れていたのに突然、姿を隠すようになった場合は、何か怖い思いをしたのかも。危機に関しては記憶力のいいハムスターですから、一度でも怖い思いをすると、そこから引きこもってしまう子もいます。怖がっている子には、体がスッポリ隠れるような場所を作ってあげましょう。

また、体の調子が悪いと敵に見つからないような場所でじっと耐えるのもハムスターの習性。エサの量が減っていても、実は巣箱に持ち込んでいるだけということもあるので、姿を隠すときは体調不良を疑ってみてください。

いそいそと
食べ物を隠すけど
誰も取らないよ?

食べ物を貯めておくと安心するんです

あとで
食べようっと

定期的にエサの隠し場所をチェックしよう

食べ物をあげると、その場で食べずにどこかへ持っていくハムスター。好物のものほど隠す、という子が多いようです。

これは、野生時代からの習性。エサを見つけられないときもあるため、食べ物は必ず貯蔵しておきます。そして、巣穴には寝床やトイレとは別にエサを貯めておく貯蔵庫がきちんと決まっています。

これと同様に、ケージ内でも「食べ物を置くのはここ」と決めている場所があるのでしょう。エサ入れを設置していても、巣箱やケー

ジの隅などに隠したりします。こだわりがあったり、いろいろな場所に貯めておくことで安心するのかもしれません。

ただ、隠したことを忘れてしまう子もいます。ペレットなら数日もちますが、生野菜などは一日が限度です。食あたりを防ぐため、腐りやすいものは毎日新鮮なものに取り替えましょう。ペレットや種子類も定期的にチェックし、古いものは取り出すようにして。気づかれないようそっと新しいものと取り替えておくのも一案です。当のハムスターは、そこにあったことをもう忘れているかもしれませんが……。

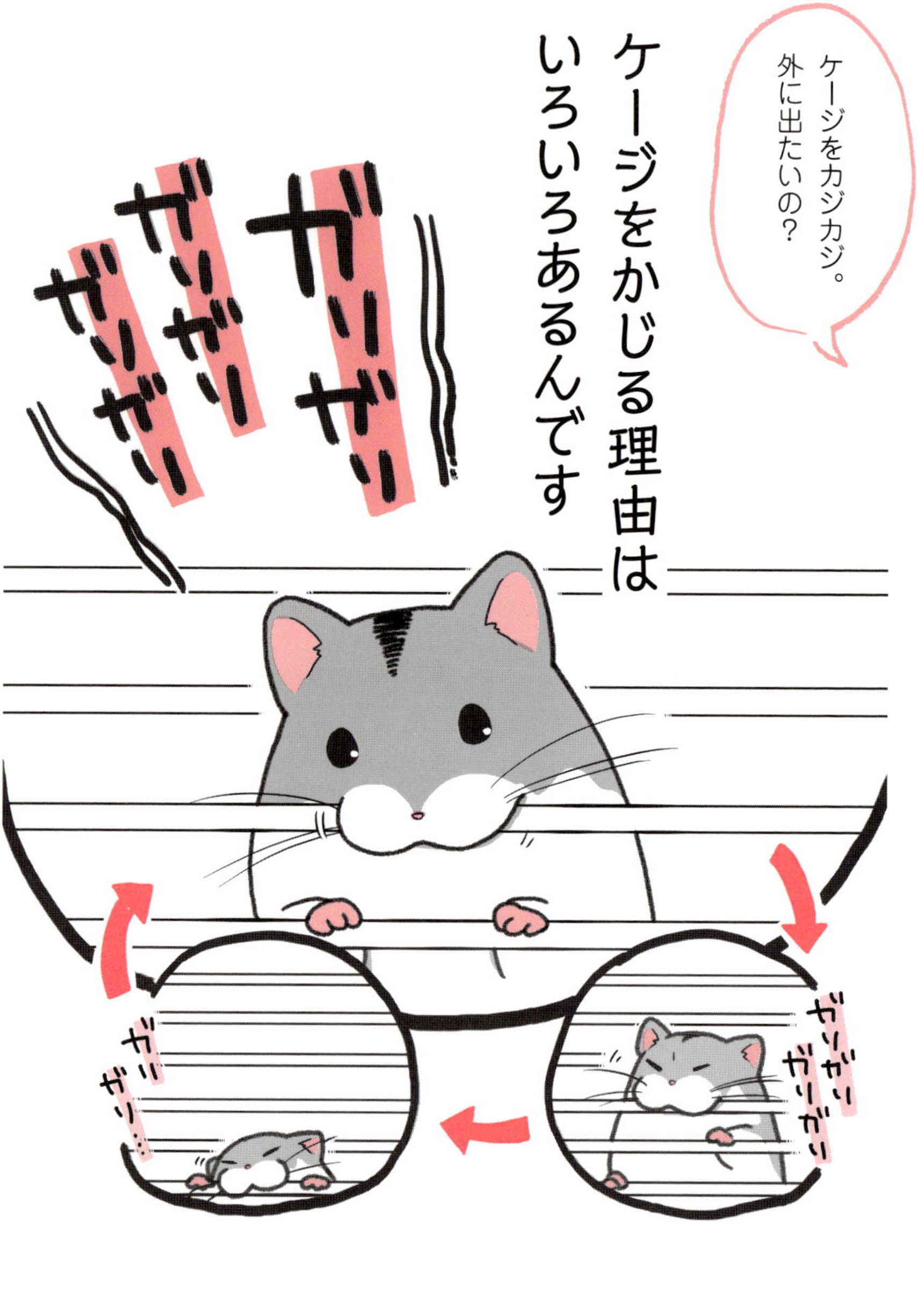
ケージをカジカジ。外に出たいの？
ケージをかじる理由はいろいろあるんです
ガリガリ
ガリガリ
ガリガリ
ガリガリ
ガリガリ
ガリ
ガリ…

不満、要求、本能、かじる理由はそれぞれ違う

ケージを必死でかじる姿を見ると、「外に出たいのかな」なんて思ってしまいますが、ハムスターは必ずしも外に出たくてかじっているわけではありません。

もし、飼い主さんが来たらかじる、決まった時間にかじるなど、ある条件下でかじる場合は、「かじればいいことがある」と学習したのかも。ハムスターがカジカジしたときに「おなかすいたの〜?」なんておやつをあげたりしていませんか?

それを繰り返すと「かじる」=「いいこと」と結びつき、ますますカジカジするようになります。

また、「穴があったら入りたい」と思うのがハムスターの本能。小さい隙間を見つけたら、とにかくホリホリカジカジ。なんとか入ろうとしているのかもしれません。なかにはプラケースをかじりつづけ、ついに体が通る穴をあけたハムスターも。その執念には驚かされます。

このようにかじる理由はさまざまですが、ケージをかじることで歯茎に傷ができたり、歯が折れたりする事故がよく起きます。カジカジする子には水槽型のケージがおすすめです。

わたしのことを
なめるのは
愛情表現？

「この人、誰？」って味で確認しています

愛情表現ではないけれどリラックスしている証拠

ハムスターの中には、飼い主さんの手をペロペロなめる子がいます。飼い主さんにとっては至福の時間ですね。警戒していたら決してこんな行動はしないので、なめるのは心を許している証拠です。

でも、残念ながら愛情表現とは少し違うようです。もし飼い主さんが、愛情を返そうと両手でキュッと抱きしめれば、ハムスターは「カン違いしないでよ！」とばかりに逃げようとするかもしれません……。

ハムスターがペロペロなめるの

は、「これはなんだ?」となめて確認していると考えられます。確認してみたら「いつもと違う味! 新鮮!」と、手についたにおいや味を楽しんでいるのでしょう。
　また、ミネラルを補給するために石をなめる野生動物もいます。ハムスターも手についた汗の水分や塩分を補給しているとも考えられます。
　愛情表現ではないとしても、スキンシップがとれるのはうれしい限りですが、人の手にはいろいろな菌がついているので、衛生面が心配です。遊ぶときは、手をしっかり洗ってから接するようにしましょう。

腕を上ってくるのはどうして？

歩き始めたら前進あるのみ！

上れるけれど降りるのが苦手 落ちないよう要注意

人に慣れているハムスターなら、手のひらからスルスル〜っと腕を上り肩でひと休み、なんて行動もよくしますよね。

「この行動にはなんの意味が!?」と探りたくなりますが、たぶん、特別な意味なんてありません。手のひらに乗ったら、進むべき道は手のひらに続く腕か、地面に飛び降りるかの二択。ハムスターは本来、地上や地下で生活しているので、上下運動は苦手です。飛び降りるくらいなら上ろうと歩みを進めた結果が、腕を上ることに。そして、肩でくつろぐのは平地でひと休みしているといったところでしょうか。

まったく上ろうとしない子もいれば、積極的によじ上る子もいます。上り好きな子は腕に限らず、壁の隙間を使ってよじ上ったり、カーテンに爪をかけてよじ上ったり、かなりアクティブ。好奇心が強い子なのかもしれません。

ただ、どの子も降りるのは苦手です。高所でオロオロした挙句、意を決してダイブ！　なんてこともあります。高所には行かせないようにし、腕を上らせるなら落下しないよう注意して遊ばせましょう。

学習して飼い主さんを利用（!?）します

わたしを見ると
寄ってくる！
相思相愛だね♡

ハムスターの学習能力、侮るべからず！

　ケージをのぞき込むとトコトコと寄ってきたり、名前を呼ぶと巣箱からゴソゴソと顔を出したり。こちらの行動に反応してくれると気持ちが通じたようでうれしいですよね。

　こうした行動は、ハムスターの学習能力のたまもの。ハムスターは犬や猫ほどの知能はありませんが、繰り返し経験することで、条件反射として学習することができます。例えば、

「飼い主さんの声がする→エサがもらえた」

という経験を繰り返すうちに、「この声がしたらいいことがある!」と覚えるのです。

つまりハムスターは「好き好き♡」という気持ちで飼い主さんのほうへ来るのではなく、「おいしいものくれる?」などと期待、あるいは要求して寄ってくるのでしょう。「相思相愛」ではなく「持ちつ持たれつ」の関係ですね。

ちょっとショックですが、愛ハム専用の自動給餌機に認定されていると思えば、なんだか誇らしい気も!? 「わたしのこと、純粋にいい人と思って慕ってくれてるんだね♡」と大いにうぬぼれましょう!

お願いだから
咬まないで!（涙）

お願いだから怖がらせないで!（祈）

歯は食べるためにあるもの 咬むのは緊急事態!

ハムスターにはかじる本能があります。でも、鋭い歯は本来、かたい木の実などを削るためのもの。肉食動物のように獲物をしとめる（相手を傷つける）ためのものではありません。つまり、ハムスターは咬まないのが普通なのです。

とはいえ、実際は咬まれることも多いですよね。ハムスターは最初、怖くて咬んでしまうのです。どこだかわからない場所に連れて来られ、なんだかわからないものが自分に迫ってくる……。そんな状況なら誰だって攻撃をしますよね。怖くて仕方なく、最後の手段として咬んでしまうのです。

ゴールデンやジャンガリアンなどのなつきやすい種であれば、生後2～3か月の間なら咬まないように慣らすことができます。ただ、咬むことで相手を遠ざけることができると学習してしまうと、頻繁に咬むようになってしまいます。

一度咬みグセがついてしまうと、矯正は難しくなります。咬みグセをつけないためには、咬まれたら鼻先を軽く叩いて「咬むと痛い」と条件づけるのも一つの方法です。できるだけ怖がらせず、落ち着いて過ごせる環境にしてあげましょう。

さわるな

手の感触の可愛さ≦ショック

エアコン

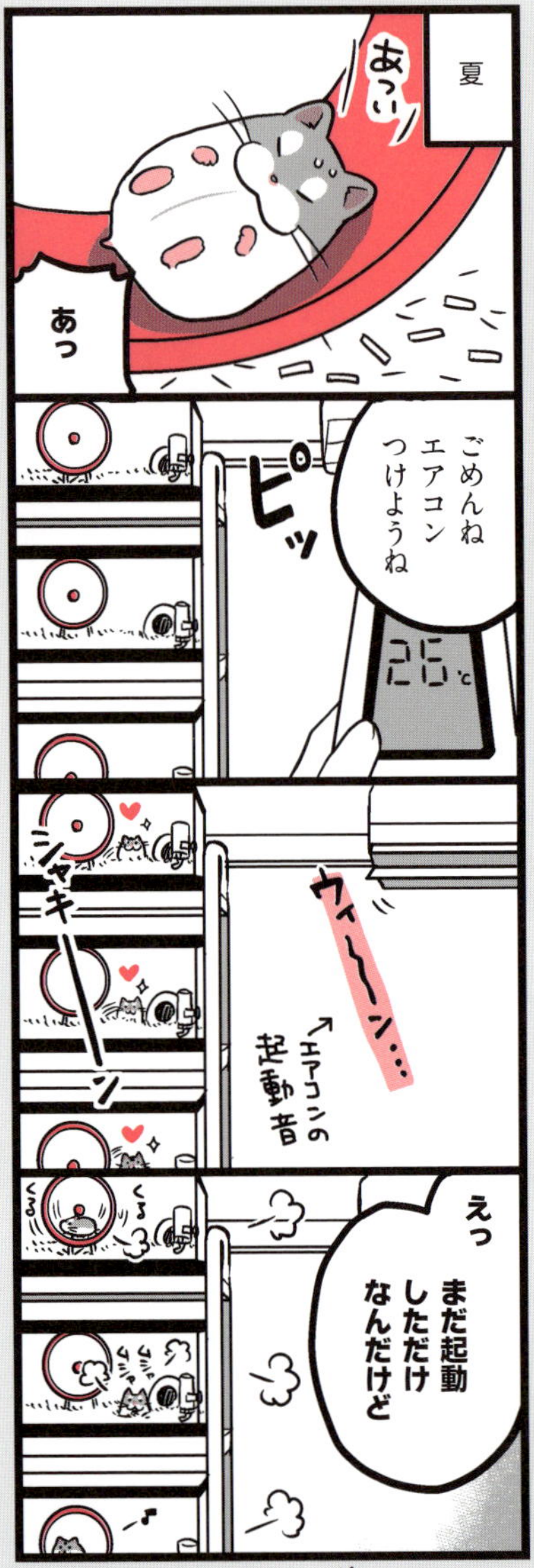

その学習能力の高さは普段見せない

part 3
ハムスターとの暮らし

はじめまして！
よろしくね

はじめまして。そっとしておいてね

最初が肝心！ハムスターの性格を見極めて

ハムスターを迎えたとき、飼い主さんは見たくて、かまいたくて、テンションマックス!! 一方、ハムスターのテンションはだだ下がり。「ここどこ？ うるさい！ 大きいものがチラチラ動いてる⁉ 怖い〜」といった感じでしょうか。

どんなに人慣れしているハムスターでも、新しい環境では緊張、警戒するもの。ハムスターは一度怖い思いをするとずっと覚えているので、最初の印象が肝心。飼い始めはハムスターのペースに合わせ、ゆっくり慣らしましょう。

◆初日は静かな場所にケージを置き、環境に慣らす

◆2日目から食事、水の交換、排泄物の始末など最低限のお世話だけをし、あとはそっとしておく

◆1週間後くらいから手に慣らす

ケージの中に手を入れても逃げないようになったら、手渡しでエサをあげてみましょう。それができたら手のひらの奥のほうにエサを乗せ、ハムスターが食べにくるのを待ちます。徐々に手の上に乗るようになると思いますが、中には慣れない子も。キーキー鳴いて威嚇する警戒心の強い子は人慣れしない可能性もあるので、手を入れるときは注意を。

〈健康な子のチェックポイント〉

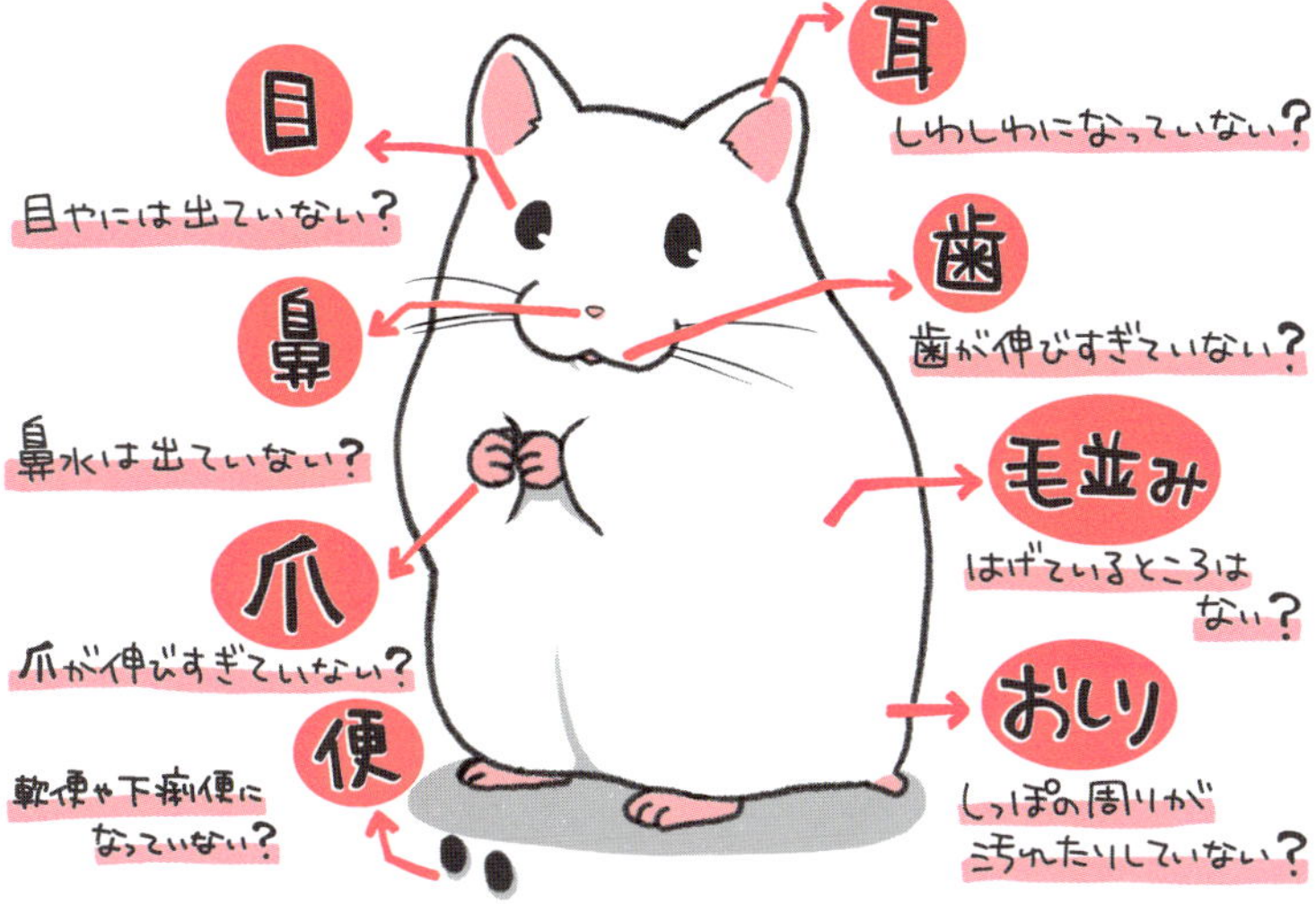
耳
しわしわになっていない？
目
目やには出ていない？
歯
歯が伸びすぎていない？
鼻
鼻水は出ていない？
毛並み
はげているところはない？
爪
爪が伸びすぎていない？
便
軟便や下痢便になっていない？
おしり
しっぽの周りが汚れたりしていない？

理想のマイホームは？

静かで安全な場所に住みたいです

ハムハウスのレイアウトは過ごしやすさを第一に

ハムスターのケージ、通称「ハムハウス」。まるでドールハウスのようなかわいい巣箱に、最高にキュートな愛ハムがそろったら、リビングの目立つ場所に置きたくなる。そんなハムバカさんの気持ち、よくわかります。

でも、それってハムスターにとってはちょっと迷惑。ハムスターは目立たずひっそり暮らしたい派なのです。音がうるさかったり、人の気配がいつもしていたのでは落ち着かず、引きこもりハムになってしまうかも。おうちはハムスターが快適かつ安心して過ごせる場所に置いてあげましょう。

ハムハウスの置き場所の条件は主に次の３つ。

◆温度変化が少なく調整もできる

◆自然光が入り風通しがよい

◆音や振動が少ない場所

ケージのタイプも迷うところ。金網タイプは必ずと言っていいほど金網部分をかじるようになり、歯の損傷やケガなどが心配。水槽タイプはかじれませんが通気性が悪く暑さが心配。どちらも一長一短あり、短所を補いながら使用するしかありません。飼いハムの性質やケージを置く環境も考慮し選びましょう。

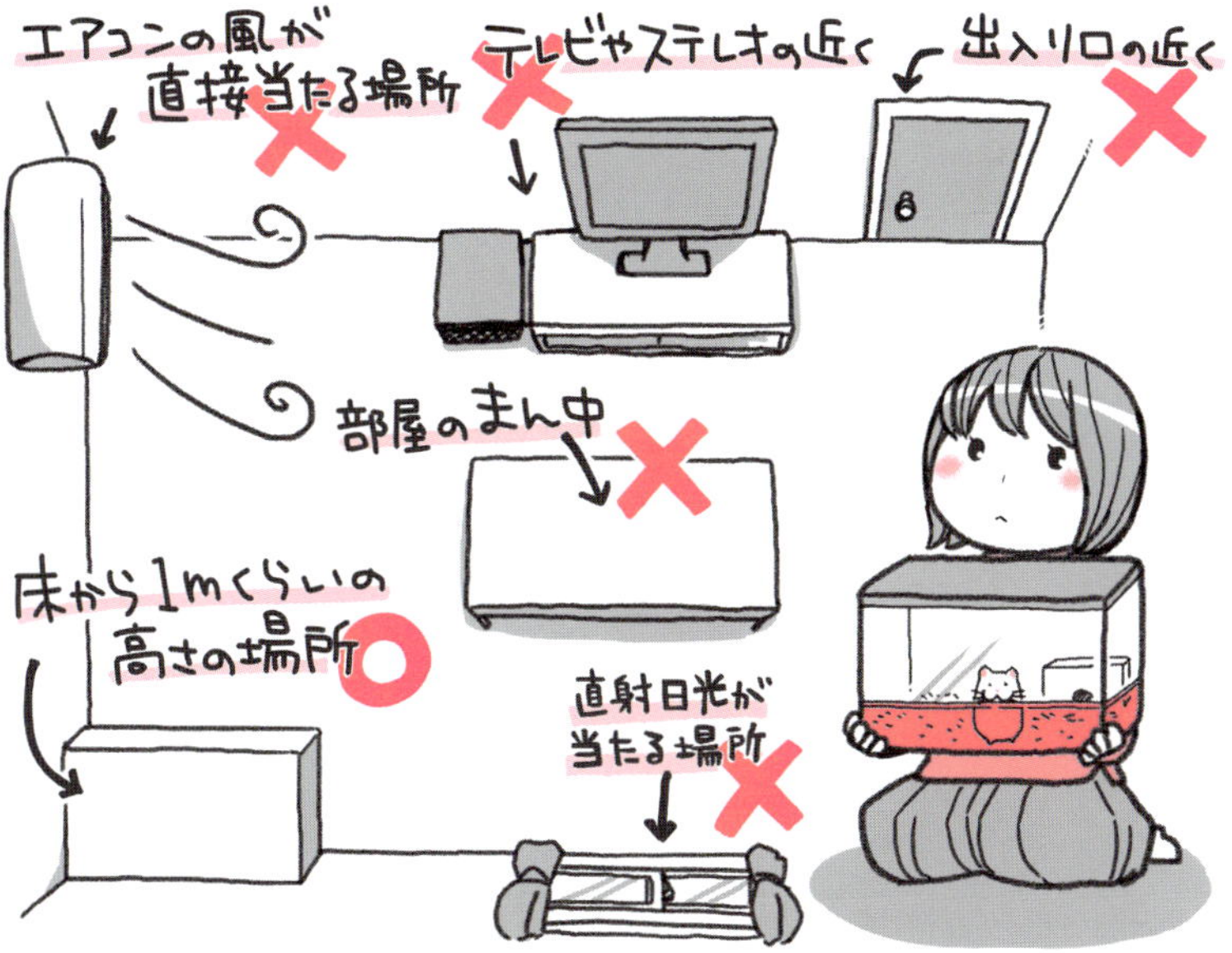
エアコンの風が直接当たる場所
テレビやステレオの近く
出入り口の近く
部屋のまん中
床から1mくらいの高さの場所
直射日光が当たる場所

どんなお部屋が好みかな？

隠れ家があると安心です

まずは隠れられる場所を用意してあげよう

ハムスターのケージの中に必ずなくてはならないものはなんでしょう？　それは巣箱と床材。どちらも身を隠すものです。

「ケージ内にいれば安全でしょ。隠れる必要ないでしょ？」と思うかもしれませんが、そこは筋金入りの警戒心を持つハムスター、体をすっぽり覆われないと安心できないのです。

　体をすっぽりと隠せる巣箱こそが、ハムスターにとっては完全に安心できる場所。ここがエサを食べ、寝る場所にもなります。体の大きさに合わせたものを用意しましょう。ティッシュペーパーの箱などを利用してもＯＫです。

床材は、体を隠すだけでなく、寒いときは保温し、体の清潔を保ち、足の保護にも役立ちます。紙、木くず、土、牧草などの種類がありますが、ハムスターが食べる危険のあるもの、食べたら害になるものは避けます。木くずの中にはアレルギーを起こすものもあるので注意しましょう。

また、ハムスターの食事がペレットなどの固形飼料の場合は、水分補給のために給水ボトルが必要ですが、野菜をあげている場合は必ずしも必要ではありません。

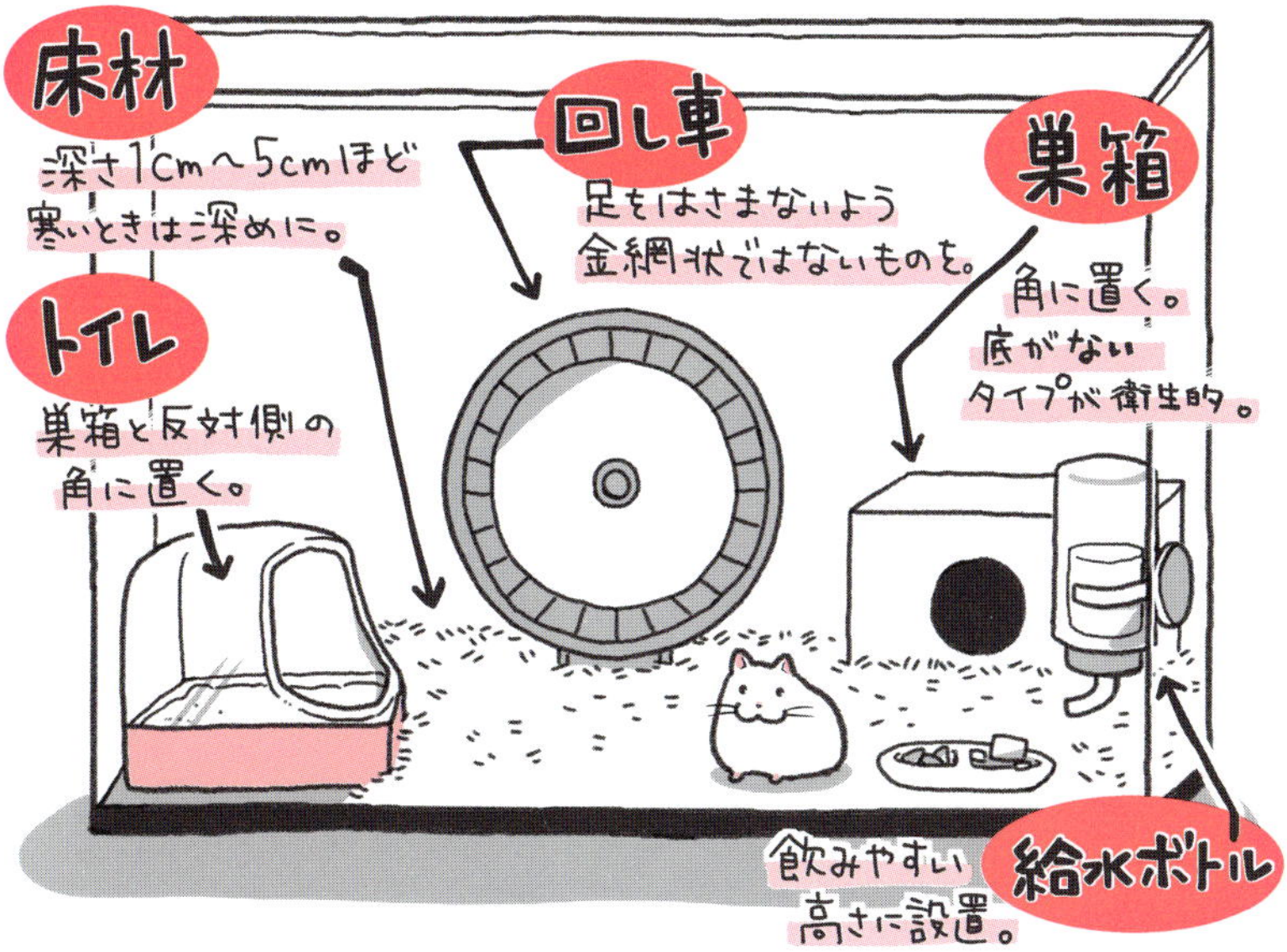
床材
深さ1cm～5cmほど
寒いときは深めに。
トイレ
巣箱と反対側の
角に置く。
回し車
足をはさまないよう
金網状ではないものを。
巣箱
角に置く。
底がない
タイプが衛生的。
飲みやすい
高さに設置。
給水ボトル

ごはんは
何がお好きですか？
食べられれば幸せ♡
おいしいともっと幸せ♡
MILK

嫌いなエサはスル～ それが飼いハム流!?

「食べられれば幸せ」。そう、本来のハムスターはとても謙虚。野生下ではエサが豊富ではないので、いろいろなものを食べ栄養をとる、草食に近い雑食性なのです。

しかし、飼いハムは好き嫌いの主張をする子が多いよう。嫌いなものは存在しないものとして扱われ、中には手渡ししても、あえて落とす子も！

人間もそうですが、動物は「飢え＝死」となるため、カロリーの高いものを「おいしい」と感じるようにできています。ハムスターも当然、種子などの高カロリーのものが「おいしい」わけで、そちらを選ぶのは当然といえば当然ですよね。

つい好きなものをあげたくなりますが、健康を保つには栄養バランスがとれたペレットを主食とするのがベスト。ほかの食べ物はおやつとして、少量をときどき与える程度にしておきましょう。

どうしても食べない場合は、試しにペレットだけを置いてみて。最初はスルーされるかもしれませんが、それしかないとなれば、いずれ食べ始めるはず。「食べられれば幸せ」という本来持っている本能を思い出すことでしょう。

おやつって
どれくらい必要？

おやつ大好き！
つい食べ過ぎちゃいます

おやつはコミュニケーションの一環!?

ペレットと水だけで、栄養はしっかりとれるハムスター。では、おやつをあげる必要はない？ 確かにハムスターがほしがらないのならあげる必要はありません。

でも、飼い主としてはいろいろあげたくなりますよね。そして、ハムスターももらえれば食べる、または貯蔵します。しかも飼い主さんの手からおいしいものがもらえれば、警戒心も薄れます。おやつは飼い主とハムスターのコミュニケーションのためにあると言ってもいいかもしれませんね。

ただ、ハムスターは与えれば与えるだけ食べるもの。その場で食べなくてもほお袋、もしくは自分の貯蔵庫に保管し、あとでこっそりモリモリ……。与えすぎると確実に肥満になります。おやつの適量は、ハムスターが両手で持てるサイズを1日に1個くらいです。

おやつには、トウモロコシなどの雑穀、野菜、果物などを与えますが、ハムスターには危険な食べ物もあるので注意しましょう。

また、もしペレットを食べなくなった場合は、選り好みしている可能性も。おやつは一度中止して様子を見たほうがいいかもしれませんね。

ずっと元気でいてほしい！

清潔な環境と健康管理が長生きの秘訣です

ちょっとした油断が命取りになることも⁉

ハムスターはその小ささゆえに、ちょっとしたことで健康を害してしまいます。油断は禁物。毎日のお世話で健康を守りましょう。

飼い主としてまず気をつけてあげたいのが、清潔な環境を保つこと。人間なら多少部屋が散らかっていても病気になることはありませんが、ケージ内の掃除を怠っていたら……ハムスターがいつの間にか病気になってしまうかも。

皮膚炎《ひふえん》、結膜炎《けつまくえん》、膀胱炎《ぼうこうえん》など、ハムスターがかかる病気で、細菌感染によるものがあります。つま

手でさわれない子の場合
目よーし！
耳よーし！
鼻よーし!!

り不衛生な環境によって引き起こされることもあるのです。食器、給水ボトルは毎日洗い、月に一度はケージの丸洗いを。

また、健康チェックをしてあげることも大切です。体の小さいハムスターは、病気もあっという間に進行してしまいます。病気やケガをさせない環境作りと同時に、早期発見できるよう、体のチェックを日課にしたいもの。ただ、体を触られるのがひどくストレスになる子もいます。その場合はせめて目視でチェックするといいかもしれませんね。定期的に体重も量りましょう。体重の増減は健康の目安になります。

トイレは
覚えられる?

トイレの場所は自分で決めます

トイレ選びの主導権はハムスターにあり！

野生の地下住居でも、寝床や食糧庫から離れた場所にトイレ専用の部屋を作るハムスター。その習性を利用すれば、用意したトイレを使ってくれるかもしれません。

トイレを覚えさせるコツは、

◆体が隠れて落ち着ける屋根付きのトイレ容器を用意する
◆巣箱やフード入れから離れた場所に設置する
◆最初はオシッコのにおいをトイレにつける

などですが、トイレの場所を決めるのはあくまでもハムスター。

巣箱やフード入れに排泄する子もいます。その場合は潔くハムスターの決定に従いましょう。

　ところで、オシッコをトイレでする子でもウンチはポロポロそこらじゅうにしていて、「気にならないの？」と思うかもしれません。ウンチは乾燥していてにおいもあまりしないため、ハムスター的にはどこにあっても気にならないようです。そもそもウンチを食べたりほお袋の中に入れたりもするのですから、「汚い」という認識はないのでしょう。食糞《しょくふん》するのは栄養摂取のためとも言われ、子ハムは離乳食代わりに母親のウンチを食べる習性もあるようです。

苦手な季節はある？

暑いのも寒いのも苦手です

ハムスターにとって気温の変化は命取り！

野生では夏は50℃、冬は氷点下になる砂漠や草原で生き抜いてきたハムスターですから、さぞかしたくましいのでは……と思いきや、飼いハムは夏も冬も苦手。暑すぎると熱中症になり、寒すぎると冬眠状態になる恐れがあります。温度変化に弱いため、比較的過ごしやすい春秋でも、朝晩の冷え込みには注意が必要です。

つまり、ハムスターを飼うためには1年中温度管理が必要ということ。ハムスターにとっての適温は温度20～24℃、湿度45～55％で

す。エアコンや加湿器、除湿器などを利用して、1年中ケージ内が快適な環境になるよう調整を。

考えてみれば、長生きしても3年ほどという短い寿命のハムスターにとって、夏や冬は一生に数回しか体験しないもの。ハムスター的には夏は「20年ぶりの温暖気候」、冬は「氷河期」くらいの大ごとなのかもしれません。

自然界では、暑さ寒さは地下に潜って回避、ときには疑似冬眠《ぎじとうみん》してやり過ごしました。でも、飼いハムにはもぐる地下がないうえ、疑似冬眠はとても危険。飼い主さんがきちんと温度管理をして、守ってあげるしかありませんね。

ハムスターだけで
お留守番できる?

2日以上の留守はご遠慮ください

食べ物と温度管理ができていれば大丈夫!?

十分な食料があり、温度管理ができている状態であれば、お留守番は可能です。しかし、食事の鮮度や糞尿による環境の悪化を考えると、ハムスターだけでのお留守番は2日くらいにとどめたいもの。3日以上留守にするときは、預かってもらったほうがいいでしょう。

ペットホテルや動物病院に預ける際は、ハムスターの扱いに慣れているかどうかを事前に確認するとよいでしょう。家に来てくれるペットシッターに頼むのも一案。場所の移動もハムスターにとってはドキドキビクビク。ストレス耐性は個々のハムスターによって異なりますが、基本的に通院以外の外出はしないほうが安全です。

ただ、長期の帰省などで一緒に連れて行く場合。本来はケージごと、普段の環境のまま移動するのがベストです。もしケージが大きくて難しければ、キャリーケースでも可。その場合はキャリーの中に、においのついた床材と、ペレットを少量、水分補給用に野菜を少し入れます。オモチャは危険なので入れないようにしましょう。

また、移動時の保冷剤やカイロはキャリーの外側に貼りつけるなどして、かじられないよう注意を。

体調が悪いときは
教えてほしいな

体調が悪いと隠します。どうか察してください

「いつもと違う」と感じたら ハムスターの体調不良サイン

「昨日はテンションが高くはしゃいでいたから、今日は疲れたのかな?」って、ちょっと待って!もしかしたらそれは、ハムスターのSOSサインかも。

野生では、弱いものから容赦なく敵に狙われてしまいます。弱みを見せることは自分の身を危うくすること。そこで具合が悪くなった動物たちはどうするかというと……〝元気なふり〟をします。「ほ〜ら、こんなに元気!」とギリギリまで頑張り、体力が尽きると身を隠しじっと耐えるのです。

おとなしくしているときも危険ですが、実はいつもよりハイテンションのときも、体に異変が起きている可能性があります。その「いつもと違う」という感覚は飼い主さんでないと感じとれないもの。いつもと違う何かを感じたら、ハムスターの体、排泄物などを細かくチェックしてみましょう。

つらい話ですが、病気を患うハムスターが、亡くなる前日によく動いたりエサを食べたりと、一瞬元気な姿を見せることがあるそうです。もちろん、すべてのハムスターがそうではありませんが、最後の力を振り絞っているのかもしれませんね。

ハムスターに
多い病気は?

不正咬合etc.
でも、予防できることも

注意したい病気No.1は不正咬合!?

ハムスターがかかる病気、不正《ふせい》咬合《こうごう》、皮膚病、骨折は、飼い主さんの努力で予防できることも。

◆不正咬合

歯の変形や伸びすぎにより、かみ合わせが悪くなります。原因は、カルシウム不足やケージかじりによる歯根部の炎症、食べ物のかたさが足りないなど。多くの場合、正しい飼育ができていれば防ぐことができます。

◆皮膚病

原因は細菌、アレルギー、カビ、ニキビダニ、栄養不良などさまざ

ま。環境によるものが多く、適切な床材、清潔な環境を保つことで予防できます。床材、とくにウッドチップはアレルギーを起こしやすい素材。床材のアレルギーが心配な場合は、パルプ系の床材を使うと安心です。

◆骨折

ケージをよじ登って上から落ちたり、回し車の隙間に足を挟んでしまったり、意外と多いハムスターの骨折。足が腫れていたり、歩き方がおかしい場合は、小さい箱などに入れ、早めに動物病院で診てもらいましょう。動き回っているると悪化してしまいます。足を引っかけないよう環境には注意を。

予防しにくいハムスターの病気は？

腫瘍etc.・早期発見してください

早期発見・治療で1日でも長く一緒に

腫瘍《しゅよう》、眼科疾患《がんかしっかん》、心臓疾患《しんぞうしっかん》は、先天的にかかりやすい病気ですが、上手にお付き合いしていけば寿命をまっとうすることもできます。

◆腫瘍

腫瘍は1歳を過ぎるとできやすくなります。良性と悪性がありますが、若年で発症すると悪性の場合が多いです。コリコリしたしこりを発見したら動物病院へ。治療はしこりを薬で抑える内科的療法と、切除する外科的療法があります。ハムスターの体の負担を考え、獣医師とよく話し合って治療法を

決めましょう。

◆眼科疾患

目が飛び出ているため眼科疾患になりやすいハムスター。自然に治る場合もありますが、抗生剤を点眼したほうが早く治ることも。目が腫れぼったい、目ヤニが確認できるときは早めに動物病院へ。

また、加齢による白内障《はくないしょう》も多いですが、もともと視力が弱いので生活には問題ありません。

◆心臓疾患

心筋症は1歳を過ぎると起こりやすい疾患。呼吸困難や食欲不振が見られるので、呼吸音には注意しておきましょう。発症したら薬で症状を抑えたりしていきます。

ハムスターがケガしちゃう原因は？

人間の部屋には危険がいっぱいです

ハムトラブルの原因の多くは「へやんぽ」にあり!?

ハムスターのケガや事故で多いのは、骨折。ケージや机、カーテンなどをよじ登って高い所から落ちたり、室内のドアに挟まったりすることが多いようです。

そのほかにも、熱湯やストーブなど熱い物に触ってやけどをしたり、電気コードをかじって感電したり、なかには間違って掃除機で吸い込んでしまい慌てて動物病院に駆け込む！　なんてことも。

突拍子もない事故のように思えますが、意外に多いというから驚きですよね。

さて、これらの事故の共通点、おわかりでしょうか？　ケージの外、部屋の中を散歩しているときの事故がほとんどなのです。もちろん、ケージ内でも事故は起こりますが、「へやんぽ」中の事故が断然多く、それだけケージの外の世界はハムスターにとって危険だということです。

ハムスターだって外が見えれば興味を持ちます。でも、ケージの中は安全と認識していれば、わざわざ危険な場所に出たいと思うでしょうか？　「出たいよ～」という飼いハムの訴えは、もしかしたら飼い主さんの思い込みかもしれませんよ。

万が一，脱走した時のために対策しておこう!!

使わない時はふさいでおく
よじ登らない位置におく
家具のすきまは本などでふさいでおく
片付けておく
コードは壁にはわせる
戸じまりはきっちりしておく
知らずにふみつぶさないように注意だ!!
POTATO
ZASSY

動物病院のお好みは？

触り方を心得ている先生に診てほしいです

ここの先生はすごいらしいよ

元気なうちからかかりつけ医を探そう

愛ハムのかかりつけ病院、決まっていますか？「病気になったら近所の病院に行けばいいよね」なんて気楽に考えていたら危険です！　きちんとハムスターを診察できる病院を探しておきましょう。

動物病院選びで重視したいのは、〝ハムスターの触り方を心得ている獣医師〟であること。獣医師ならみんな大丈夫と思いがちですが、実はそうでもありません。ハムスターのように小さい動物の診察は犬猫とは違う知識が必要なため、診察できないこともあるのです。

ハムスターはとても臆病で、基本的に人に触られるのは苦手。知らない人に診察されるハムスターの状況は、さながらわたしたちがキングコングにつかまっているようなものでしょうか。それはそれは恐ろしいはず。触り方を心得ている獣医師でないと、ハムスターはその恐怖に耐えられず、診察中に亡くなってしまうこともあるそうです。獣医師選びが重要なわけ、わかりますよね。

ハムスターの扱いを心得ている動物病院を見つけるには、元気なうちにまずは健康診断などで動物病院を利用し、獣医師の慣れ具合を確認するといいかもしれません。

検査や手術、
負担かな？

その手術、本当に必要ですか？

どこまで治療するか 飼い主さんにも知識が必要

検査や手術は、ハムスターにとってもちろん負担になります。元気なときならともかく、体が弱っていれば、かなりのダメージを受けるはず。それでも、相応のメリットはあります。少しのストレスで症状が悪化することもあるハムスターに、どこまで治療をすべきか。とても難しい選択です。

病状を知るための検査なら、ハムスターの状態がよければ受けたほうが治療に役立ちます。便や尿の検査は負担になりませんが、レントゲン検査や超音波検査は体を

押さえるためストレスがかかり、また検査をしても原因がわからないことも。本当に必要な検査なのか事前に検討すべきでしょう。

　麻酔を使い開腹などを行なう手術はかなりのハイリスク。例えば悪性腫瘍《あくせいしゅよう》ができた場合、手術で腫瘍を取り除けば完治するかもしれません。でも、術後の経過が悪く亡くなってしまうリスクも。逆に薬による治療なら、完治はしませんが腫瘍とともに寿命をまっとうすることもあります。飼い主なら誰でも「できるだけのことをしたい」と思うはず。でも、その具体的な方法を選ぶのも飼い主の務めということも覚えておきましょう。

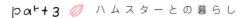

家での看護、どうしてほしい？

ゆっくり休ませてください

なかなか治らないのはNG看護のせいかも!?

ハムスターの看護は、いかにストレスをかけずに行なうかが重要。次のような看護はNGです！

◆食欲がないなら無理しないでね

具合が悪いときはハムスターの食欲も落ちます。しかし、そのままにしておくのはNG。無理やり食べさせる必要はありませんが、少しでも栄養がとれるよう、やわらかくて食べやすいものや好物を与えて食欲を刺激しましょう。

◆何がなんでも投薬します！

処方された薬は、決められた量と回数を守ってこそ力を発揮する

もの。とはいえ、嫌がるハムスターを押さえつけてではストレスで病状も悪化してしまうかも。手早く投薬するコツを獣医師に教えてもらい、できるだけ悪い印象を残さないようにしましょう。難しい場合は食べ物に混ぜたりしみこませたりするのも手です。

◆大丈夫〜？

心配なのはわかりますが、かまいすぎはNGです。回復には安静がいちばん。ケージを静かな部屋に移し、布などをかけて薄暗くしてあげましょう。ケージ内の温度は通常より少し高めに。体温が下がっているならペット用ヒーターなどを使うとよいでしょう。

ハム力《ちから》

喜んで頂けて光栄でした!!

もてない男

この組合せは上手くいきませんでした

part 4

ハムスターとのお付き合い

ハムスターはいつ大人になるの?

あっという間に大人になります!

人間にはちょっとの時間がハムスターには長期間?

ハムスターの寿命は2~3年。わたしたちから見れば、駆け足で、いえ新幹線で走り抜けるような一生です。

とくにハムスターの子ども時代はあっという間。目も開かず、耳も聞こえず、被毛も生えていない状態で生まれてきた子が、生後3週間で離乳。3か月も経てば性成熟し、一人前の大人です。

そして、元気いっぱいの青年期、壮年期を過ごし、1歳半くらいから老化が始まり、シニア期突入。環境や食事を見直す時期ですね。

「あまりにも短い」と思うかもしれませんが、人間でも、大人と子どもでは時間の感じ方が異なりますよね。子ども時代は1年が限りなく長く感じませんでしたか？　そう考えると、ハムスターにとっては長く十分な時間なのではないかと思えます。

人間の1日はハムスターにとって1か月と同じくらいだと言われています。それは、ケージの掃除を1日サボれば、ハムスターは1か月間汚い環境で過ごすのと同じということ。わたしたちの〝ちょっと〟はハムスターには長い期間だということを忘れず、一緒の時間を大切に過ごしたいですね。

うちの子、
どんな性格?

安心できるかどうかで性格も変わります

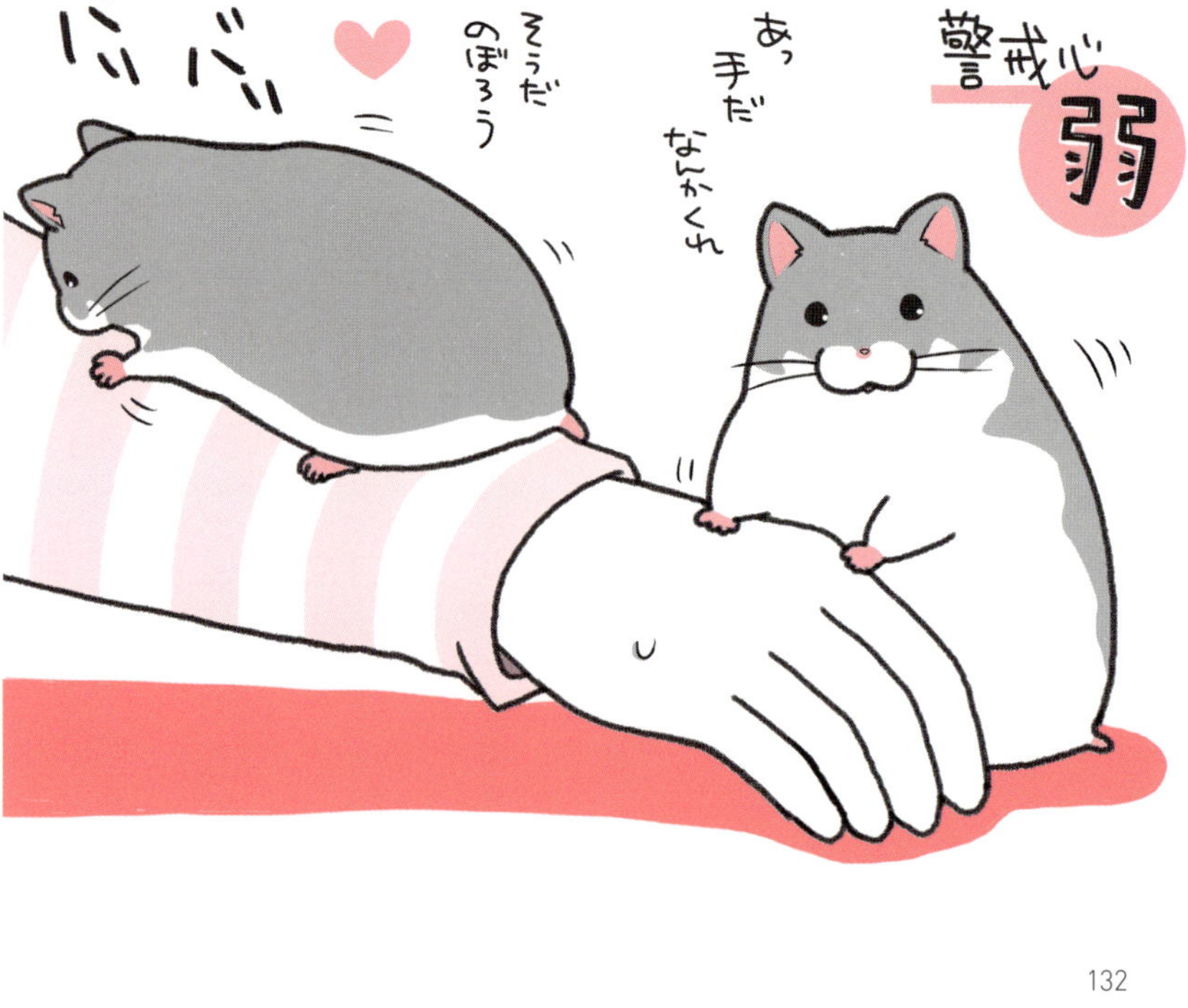

飼ってみないとわからない！それがハムスター

ハムスターにもいろいろな性格の子がいますが、そのほとんどは「警戒心が強いか弱いか」で、大きく分けることができます。

警戒心の弱い子であれば、人になつきやすく、手乗りにしてふれあえたり、ときには飼い主さんに甘えるような行動をしたり。好奇心旺盛なタイプもいます。ついかまいたくなりますが、かまいすぎは嫌われるのでご注意を。

警戒心が強い子は、人にふれようとはしません。気配を感じたらさっと隠れてしまったり、攻撃的になる子も。飼いにくいな……と思うかもしれませんが、これが本来のハムスターの反応です。人にはなつかなくても、ケージ内が安全とわかれば、その中でくつろぎ、たくさんのかわいいしぐさを見せてくれるでしょう。

これらの性格は、品種による傾向（P.28〜31参照）や性別による違い（P.１３４参照）もありますが、それよりも生まれた後の環境やその子が持っている個性が大きく影響するようです。まさに、飼ってみないとわからないのがハムスター。飼いハムの性格を受け入れ、上手に付き合っていくことが大切ですね。

男子と女子で性格の違いはあるの？

メスのほうが強いです

オスはナイーブ メスはフレキシブル！

どの動物の世界でも「力は男、気持ちは女が強い」というのが定説ですが、ハムスターも例外ではないようです。

ハムスターのオスは縄張り意識が強く好奇心旺盛。自分の縄張りを侵す者がいれば「なんだこの野郎！」と威勢よくケンカもします。メスを探す本能から外に出たいという欲求が強いのもオス。しかし、常に敵を警戒し気を張っているぶん、ストレスには弱い傾向が。実はナイーブ男子なのです。

その点、メスは柔軟性があり、

新しい環境や人にも慣れやすい傾向があります。ストレスや病気にも強い、そしてついでに気も強い。
ちなみに、ゴールデンに至っては体もメスのほうが大きく、気持ちだけでなく力でもメスが圧勝。
たぶん、オスとメスを新しい場所でご対面させたら、気の荒いメスが最初にひと咬みをおみまいするのではないでしょうか。子どもを育てなくてはならないメスは、度胸が据わるものなのかもしれません。
繁殖のためにペアリングする際は、オスにストレスがかからないよう、オスのケージにメスを入れるなどの配慮をしましょう。

ハムスターも
ベタ慣れになる?

若いうちに慣らしてください

なつくタイムリミットは生後1年!?

ハムスターはどこまで人になついてくれるのでしょうか。犬みたいに「とってこい」ができる? ムリムリ。猫みたいにお出迎えしてくれる? う〜ん、条件反射で出てくることはあるかも。じゃあ、せめてなでなでなでは!? ……頑張ってみましょうか。

そう、ハムスターはお触りが限度。そもそも「お触りもやめてください」というのが普通ですから、なでられるだけでも、十分なついている証拠。でも、手の上に乗ってくれたら最高に癒されますよね。

さらに手の上で食べ物を食べたり、スヤスヤ寝てくれたら、それはもうベタ慣れ状態です。

ゴールデンやジャンガリアンなら、慣らせばベタ慣れになる可能性大。最初は臆病な子でも、触れば触るほどスキンシップに慣れていきます。ただ、生後1年がタイムリミット（生後1〜2か月がいちばん慣れやすい時期）。それ以降は、怖がっているハムスターを矯正するのは難しいもの。無理強いするとかえって飼い主さんとの距離ができてしまうので、あきらめも肝心です。お互いのちょうどいい距離を保ってお付き合いをしていきましょう。

急に態度が変わっちゃった⁉

諸事情により警戒心が高まっています！

ハムスターはいつもどおりじゃないと怖い！

なついていたはずのハムスターが突然ガブリ！ 飼い主さんなら何度か経験があるのではないでしょうか。突然攻撃的になるのには、ちゃんと理由があります。

突然、上からつかもうとしたり、ビックリさせたりすると、警戒心が強まります。どんなに慣れている飼いハムでも怖いものは怖い。本能には逆らえません。

また、飼い主さんの手がいつもと違うにおいがすると敵認識されることも。例えば、ほかの動物を触った手を近づけた場合、におい

で状況判断するハムスターにしてみれば「天敵急接近！」と緊急事態発生のサイレンが鳴っているはずです。ハムスターは周囲のちょっとした違いを敏感に察知するので、コミュニケーションをとるときはとくににおいや触り方には注意を払いましょう。

ハムスター自身の状況が変わって不安になっている場合もあります。例えば育児中の母ハムは警戒心マックス。いつものお世話でも威嚇することも。また、体調不良のサインとして攻撃的になることもあります。攻撃はハムスターからのメッセージ。きちんと受け止めてあげましょう。

スキンシップしようよ!

無理やり「お触り」はお断りです!

目指せ!手乗りハムスター

ハムスターは、「いきなり」「無理やり」触られるのが大嫌い。さらにギュッとつかもうとすれば、手からスルスルと抜け出そうとするでしょう。スキンシップをとるには、怖がらせないよう次の5か条の掟を守ることが大切です。

①大きな音、声は出すべからず
②お触り前は一声かけるべし
③手のひらは見せて安心
④動かざること山のごとし
⑤逃げるときは深追い厳禁

これを踏まえ、いざ手乗りレッスン!

◆レッスン① 食べ物を手で持ったまま食べさせてみましょう。
◆レッスン② 手渡しで抵抗なく食べるようになったら、手のひらの上に食べ物を置き、ハムスターが手の上に乗るのを待ちます。
◆レッスン③ 手のひらの上で食べ物を食べるようになったら、食べ物なしの状態で乗ってくれるかチャレンジ。

警戒せずに手に乗るようになったら、なでなでにステップアップ。額や背中をゆっくり、優しくなでます。おなかやしっぽ、足は敏感で弱い部分なので触らないで。嫌がるときはすぐにやめて、少しずつ慣らしましょう。

ハムスターと
遊びたい！

楽しませてくださいね

ハムスターは「楽しい」と思っているかな？

うちの子、楽しんでいるかな？ ケージの隅でポツンとしているハムスターを見ると、そんな心配をしてしまいませんか。

つい人間目線で「何もしない＝退屈」と思ってしまいますが、何もすることがないという状態は現状に満足しているということ。ハムスターは退屈しているわけではありません。「ゆっくりしているんだから邪魔しないで」なんて思っているかも。

でも、ハムスターは本来走り回りたい本能を持っているので、おとなしい子には、その本能を刺激してあげるのもいいですね。回し車もいいですが、トンネルも大好き！ 手作りのトンネルで遊ぶ姿を見るのは、格別ですよ。

飼い主さんに慣れている子、手乗りの子なら、コミュニケーションこそが刺激になり遊びになるでしょう。手の上でなでてあげたり、好きな食べ物をあげたり。

誤解してはいけないのは、必ずしも「活発に動く＝楽しい」ではないということ。困惑していることもあります。習性やその子の性格を踏まえ、反応をよく見て、ハムスターにとっても楽しい遊び時間を作りたいものです。

かわいく
写真を撮りたい！

ハムワールドをお楽しみください

ハムスターを驚かすことなくとびきりかわいく！

プリンとしたおしりを写した、通称「ハムケツ」写真は、日本のみならず海外でも人気だとか。ハムスターってどの角度から見てもかわいく、かつユーモラス。最高のモデルです！　でも動きが早くてブレるのは当たり前、怖がって姿を現さないことも。いい写真を撮るには、飼い主さんの技術と愛情が試されるわけです。

いいハム写真は、いい精神状態から。モデルさんが怯えないようカメラ音は消して、近づきすぎず風景の一部となって撮影しましょう。フラッシュは直接光を当てないほうがいいでしょう。

食事をしているとき、寝ているときは動きが止まるのでシャッターチャンス！　ただ、同じ静止状態でも、怖くてフリーズしているときに撮るのはお互い楽しくありませんよね。リラックスしたいい表情を残したいものです。

カメラは目の高さに合わせると、ハムスターの世界をのぞいている気分に。ドールハウス用の家具などを添えれば、メルヘンなハムワールド全開！　逆に人間用の雑貨の側で撮れば、小人の世界。いろいろな世界観を楽しめるのもハム写真の醍醐味です。

ハムスターは
ストレスに弱いの?

大きなストレスは寿命を縮めます

慣れていないのに触られる

しょっちゅう掃除をされる

ストレスを感じやすいから配慮が必要

そもそもストレスとは、生き延びるためには必要な力です。緊張してドキドキするのは、パワーアップのためにさまざまな器官にたくさんの血液を送っているからです。危機を脱するにはパワーアップが必要。でも、パワーアップ時は無理がかかっている状態なのでダメージを受ける。そのためストレスはよくないと言われるわけです。

ハムスターはとくに、捕食される動物のため、危機を鋭くキャッチできるよう進化してきました。

ハムがストレスを感じること

つまりそれはストレスを感じやすいということ。「この音は何?(敵がやってくる音?)」と耳を澄ますとき、「このにおいは何?(ほかの動物に狙われている?)」と鼻をヒクヒクさせるとき、ちょっとしたことでも身構えストレスに。小さな体では、大きなストレスダメージを受け止める余裕はありません。臆病な子なら、飼い主さんが大きな声を出すだけで失神してしまうことも。

強いストレスを与えると、体調を崩し亡くなることもあります。ハムスターがストレスのない穏やかな毎日を過ごせるよう、配慮してあげてくださいね。

どういうときが幸せ?
安心がなによりの幸せ♡
ZZZ

幸せに必要なのは巣箱と飼い主さんの愛!?

少しの音やにおいの変化で命の危機を感じるほどのストレスを受けているハムスター。人間のストレス社会なんて比になりませんね。そんなハムスターにとっての幸せって……? それは「安心」ではないでしょうか。安心して眠れて、安心して食べられて、安心して動ける。安心安全な環境にいられることこそが、飼いハムの幸せなのです。

ハムスターが安心感を得るには、第一にプライベートスペース（巣箱）が必要。「何かあったらここに逃げれば大丈夫」という場所があれば、外の世界にも寛容になれるものです。

わたしたちも家に帰るとホッとしますよね。くつろいで、さらにおいしいものでも食べられたら最高です。そんな場所をハムスターにも用意してあげましょう。

飼い主さんに慣れることも幸せの近道。ケージ越しとはいえ、どうしたって目に入る（気配を感じる）のですから、飼い主さんとの信頼関係が築ければ、それだけで飼いハムのストレスはグッと少なくなるはず。ハムスターのためにも仲よくなる努力をしてあげてくださいね。

ハム仲間がいたほうがいい?

ひとりでいるほうが好きなんです

ハムスターは基本みんなおひとりさまタイプ

1匹だけで飼っていると、「仲間がほしくないのかな?」と気になってくるかもしれませんね。でも、その心配は無用。なぜならハムスターは単独で生活する動物だからです。

ハムスターは縄張り意識が強く、野生では巣穴を中心に周囲10〜20メートル程度を縄張りとし、「縄張り内のエサは死守しないと!」と思っています。そうしなければ生きていけないからです。だから縄張り内への侵入者はみんな「敵」。目の悪いハムスターはにおいで識別するので、自分以外のにおいがすると「敵がいる!?」と反応し緊張状態に。ケージを分けてもにおいや気配を気にしてストレスをためる繊細な子も多いのです。

それでも複数のハムスターを飼いたい場合は、1ケージに1匹が鉄則。ふれあうときにも一緒にケージから出したりはしないでください。

ちなみに、ロボロフスキーは多頭飼いしやすいと言いますが、攻撃性が弱いためにあまりケンカにならないだけで、本音は「ひとりが安心」。どの子もひとりのほうがストレスなく過ごせる、それがハムスターなのです。

かわいい
うちの子の
子どもが見たい！

いっぱい産みますが大丈夫ですか？

妊娠・出産・子育てはハム任せで

繁殖はほとんどハムスター任せ。飼い主さんができることは、環境を整えてあげることと、覚悟を持つことでしょうか。

ハムスターのように捕食される側の動物は繁殖力が強いのが特徴です。生後2か月（ドワーフ系は3～4か月）を過ぎれば1年中繁殖が可能で、一度に5～9匹くらいの子どもを産みます。生まれてくるすべての子どもの命に責任を持ち、1匹にひとつずつケージを用意する、またはもらい手を確保してから繁殖させせましょう。

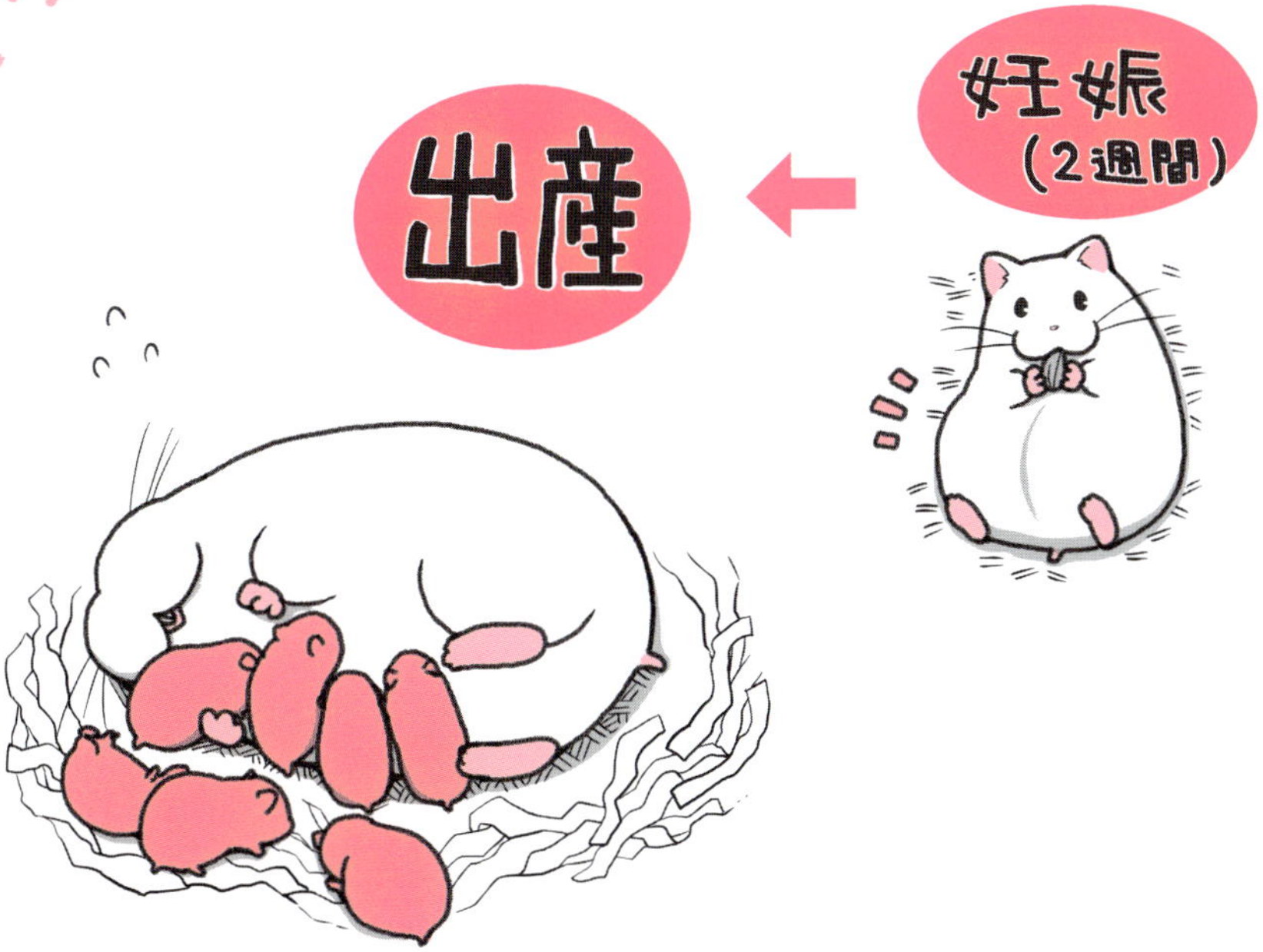

繁殖時期も子どもが育ちやすい時期を選びたいもの。真夏、真冬、梅雨時期は避け、春か秋に。繁殖の際はメス(強者)をオス(弱者)のケージに入れます。逆にするとオスが攻撃されてうまくいかない可能性大。

待望の子ハムが誕生しても、子育てには口を出さないのが基本。人間のにおいがついた子は母ハムに敵とみなされ攻撃されることもあります。母ハムは神経質になっているので、お世話は必要最低限にして、遠くから見守りましょう。子ハムとのふれあいは、完全に離乳が済む生後4週目までおあずけです。

ふれあえなくても一緒に暮らせます

触れなくても見て楽しめる！それがハムスターの魅力

「わぁ。ハムスターかわいい！」

……ぽりぽり。

「手に乗ってくれるかな～？」

……ハックション!!

どんなにハムスターを愛していても、体が拒否する人がいます。それがハムスターアレルギー。

ハムスターに近づくだけで、咳やくしゃみ、鼻水、目や皮膚のかゆみなどが出る場合は、ハムスターの毛やフケなどを吸い込むことで症状が出るハムスターアレルギーの可能性が。「かゆいだけなら がまんできる！」と、頑張ってハム愛を貫く飼い主さんもいますが、怖いのは咬まれたとき。唾液が体内に入ると、呼吸困難や全身麻痺、意識障害などのアナフィラキシーショックを起こす危険性が一気に高まります。アレルギー体質の人はとくに注意が必要です。

でも、アレルギーが発覚しても、観賞用ペットとして一緒に生活を楽しめるのがハムスターのいいところ。ケージを置く部屋は空気清浄機を入れるなどして清潔に保ち、ふれあいは避け、お世話は家族に任せましょう。お世話を頼める人がいない場合、ケージ内に手を入れるときは二重手袋をするなど細心の注意を払ってくださいね。

さよなら……
また会おうね

最後まで見送ってくれるとうれしいな

思いきり悲しんで納得のいくお別れを

ハムスターを飼う上で避けては通れないお別れのとき。ハムスターの命が生まれるときもそうですが、消えるときもまた、わたしたちは見守ることしかできません。命の流れの前で人はなんとも無力ですね。でも、それが当たり前。長生きさせる努力はできても命を永遠に延ばすことはできません。

それでも一緒に楽しい時間を過ごしてきたハムスターですから、最後までしっかり看取り、埋葬をして見送ってあげたいもの。

一般的なお別れの方法は、

◆自宅の庭に埋葬する
◆ペット霊園で火葬・供養する
◆自治体で火葬する

などがあげられます。ですが、いずれかをしなくてはいけないという決まりもありません。プランターや鉢植えの土に埋め、花を植える方もいます。埋葬やお別れの儀式は、飼い主さんが自分の気持ちを整理するために行なうもの。自分が納得のいく方法で見送ってあげることがいちばんでしょう。

思う存分悲しんで、悲しむことに疲れたら愛ハムとの楽しい思い出で心を温めて。そうやっていつまでも愛してあげることができるといいですね。

病院③

彼は悪夢とハゲでしか病院行ってません

キス？

びっくりしました

すきま

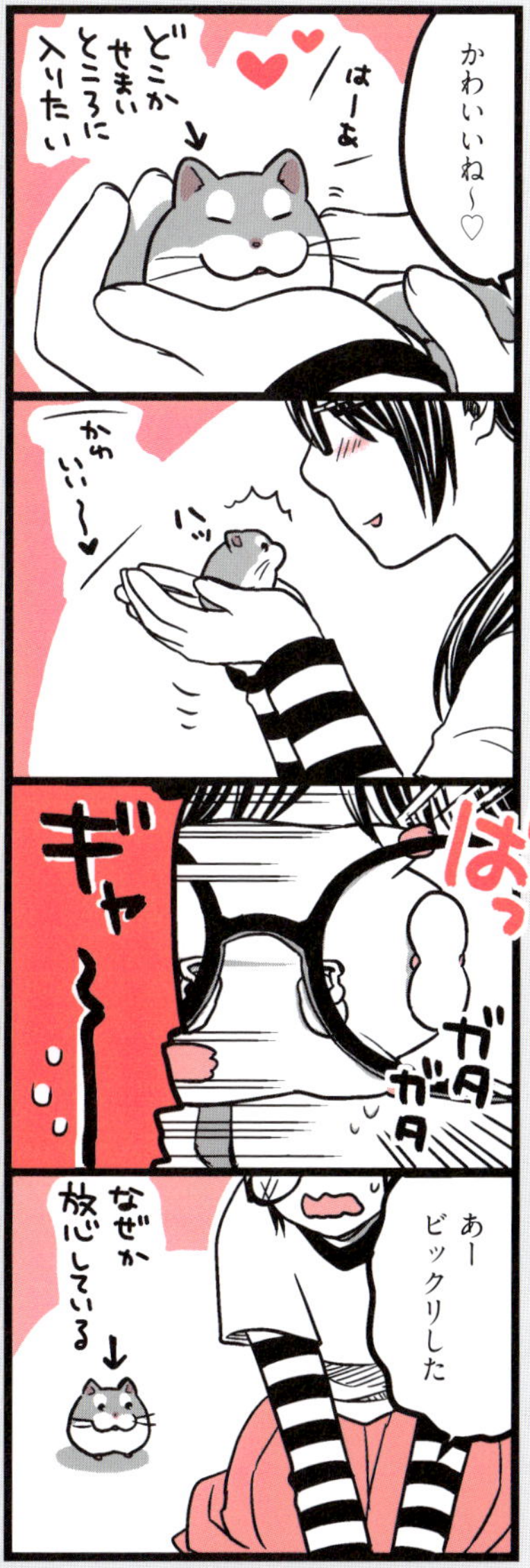

たぶん人間の顔の油まみれで不愉快

のんびり

こういう時に限って毛づくろいが長い

Staff

イラスト・漫画　鶴田かめ
執筆　高島直子
デザイン　原てるみ、星野愛弓（mill design studio）
DTP　北路社
編集協力　齊藤万里子

Special Thanks

きゃらめるさん&アジル、カルム、トースト
HAMUNAさん&キンタ、ゴンタ、シグレ、子ハムたち
ますみんさん&蘭丸　manoさん&ギフト
みんこさん&あちび、ちむ、てびちママと赤ちゃん、
まぶやー、ゆいまーる、らふてー　muniさん&おこめ、
きなこ　ゆあさん&チー太、ミー太

監修

ふくしま動物病院　院長
福島正則

1999年、日本獣医生命科学大学獣医学部卒業。2003年、ふくしま動物病院を開院。大学時代からハムスター関連の執筆監修活動を続け、現在は雑誌『ねことも』で「にゃんこお助け相談室」を連載中。2016年からは専門学校ビジョナリーアーツペット学科で非常勤講師として、動物看護師の育成にも携わりながら、ハムスター医療と地域医療に尽力している。

「ハムごころ」がわかる本《ほん》

2017年9月20日　第1刷発行

監修者　福島《ふくしま》　正則《まさのり》
発行者　中村　誠
印刷所　図書印刷株式会社
製本所　図書印刷株式会社
発行所　株式会社　日本文芸社
〒101-8407　東京都千代田区神田神保町1-7
TEL　03-3294-8931（営業）　03-3294-8920（編集）

Printed in Japan 112170908-112170908 Ⓝ 01
ISBN978-4-537-21504-5
URL　http://www.nihonbungeisha.co.jp/

（編集担当：前川）